职业教育制造类专业创新型系列教材

增材制造综合实训
项目教程

主　编　王　平　段妍英
副主编　翁松林　乔卫华　耿建全

科学出版社

北京

内 容 简 介

本书基于项目-任务式开发，基本遵循"方案设计-3D 建模-3D 打印"的工作流程。每个学习项目的实例均趣味十足、容易上手，使学生在学习的同时能够体会到创意变成现实的喜悦。本书共有 11 个项目，包括走进 3D 打印世界、"福"字挂件的设计与打印、灯笼的设计与打印、手机支架的设计与打印、鲁班盒的设计与打印、蓝牙音箱外壳的设计与打印、杯托的设计与打印、指尖陀螺的设计与打印、拼插飞机的设计与打印、发条小车的设计与打印和手摇发电机的设计与打印，实例由单件设计向装配设计过渡，由易到难、层层递进，逐步培养学生图形绘制、建模、打印及调试的能力。

本书可作为职业学校学生学习 3D 打印技术的教材，也可作为相关实训课程的辅助教材。

图书在版编目（CIP）数据

增材制造综合实训项目教程/王平，段妍英主编. —北京：科学出版社，2024.8

ISBN 978-7-03-077690-7

Ⅰ．①增… Ⅱ．①王… ②段… Ⅲ．①快速成型技术-教材 Ⅳ．①TB4

中国国家版本馆 CIP 数据核字（2023）第 252884 号

责任编辑：陈砺川 李 莎 / 责任校对：王万红
责任印制：吕春珉 / 封面设计：东方人华平面设计部

科学出版社 出版

北京东黄城根北街 16 号
邮政编码：100717
http://www.sciencep.com

北京九州迅驰传媒文化有限公司印刷
科学出版社发行 各地新华书店经销

*

2024 年 8 月第 一 版 开本：787×1092 1/16
2024 年 8 月第一次印刷 印张：10 1/2
字数：248 000

定价：42.00 元

（如有印装质量问题，我社负责调换）

销售部电话 010-62136230 编辑部电话 010-62138978-1028

前　言

增材制造技术是近年发展起来的新型制造技术。与传统减材制造过程截然不同，增材制造以三维数字模型为基础，将材料通过分层制造、逐层叠加的方式制造成三维实体，是集先进制造、智能制造、绿色制造、新材料、精密控制等技术于一体的新技术。3D 建模通过计算机设计获取三维数字模型，是增材制造技术的基础。本书主要介绍使用 UG NX1899 软件进行 3D 建模的方法和技巧，同样适用于 UG NX10.0、UG NX12.0 等版本软件。本书还介绍了 3D 打印切片软件 Cura 的操作方法等。

本书是职业院校模具、数控等机械专业的新增核心课程——3D 打印技术的配套教材，本书从增材制造实训的要求出发，以"培养创新、强化实践、通俗易懂"为编写原则，以企业产品、"1+X"增材制造设备操作与维护职业技能等级考试操作样题等作为实训项目，基于工作过程系统化的理念进行编写，注重实践操作和创新能力的培养，通过具体的、循序渐进的任务，旨在让学生逐步掌握 UG 软件的操作和 3D 打印知识，熟悉主流 3D 打印机的使用流程，并最终能够利用所学知识进行创新设计。

本书内容分为基础、进阶和综合三大部分，其中基础部分包括项目 1 "走进 3D 打印世界"、项目 2 "'福'字挂件的设计与打印"、项目 3 "灯笼的设计与打印"和项目 4 "手机支架的设计与打印"；进阶部分包括项目 5 "鲁班盒的设计与打印"、项目 6 "蓝牙音箱外壳的设计与打印"、项目 7 "杯托的设计与打印"；综合部分包括项目 8 "指尖陀螺的设计与打印"、项目 9 "拼插飞机的设计与打印"、项目 10 "发条小车的设计与打印"和项目 11 "手摇发电机的设计与打印"。每个项目包括学习目标、方案设计、3D 建模、3D 打印、实训评价和拓展训练五部分内容。

本书的实例具有趣味性、层次化的特点，由易到难、层层递进，由单件设计到装配设计，再到学科融合，逐步培养学生的 3D 建模、装配、3D 打印机操作与维护的能力。本书的深度、容量都符合职业院校对学生的知识与操作水平的要求，让学生能够构建出相关的知识框架，从而进行更深层次的学习。在每个项目中都融入文化自信、科技强国、工匠精神等思政元素，引领正确的价值观，实现知识技能传授与价值同频共振。同时，我们也在教学方法上做了更长远、更深入的研究：与传统教材相比，本书除了重视知识的体系化，还更加重视思维模式的培养。

本书能在以下几个方面为学生和教师提供帮助。

1）由浅入深的 3D 建模知识。

2）3D 打印机的操作与维护工作。

3）创新设计方法。

4）基于项目式学科融合的学习、教学思路。

由于编者水平有限，书中难免有疏漏之处，恳请读者批评指正。

编　者

目　　录

走进 3D 打印世界

近年来，3D 打印技术发展迅猛，曾经只出现在科幻电影中的 3D 打印技术早已渗透到生活的方方面面。3D 打印的产品示例如图 1-1 所示。3D 打印技术带来一个怎样神奇的世界呢？本项目带你走进 3D 打印的世界，了解 3D 打印技术的原理特点、应用现状和发展趋势等，以及了解 UG NX 1899 软件、Cura 软件的基本操作。

图 1-1　3D 打印的产品示例

学习目标

知识目标

- 了解 3D 打印技术的原理、特点、工艺分类。
- 了解 3D 打印技术的应用现状与发展趋势。
- 了解 UG NX 1899 软件、Cura 软件的基本操作。
- 了解 3D 打印机及其打印步骤。

能力目标

- 能够利用网络等方式搜集关于 3D 打印技术的典型案例。
- 学会 UG NX 1899 软件的基本操作。
- 能够安装 Cura 软件，学会添加打印机并进行参数设置。
- 能够操作 3D 打印机。

任务 1.1 初识 3D 打印技术

1.1.1 3D 打印技术的原理

3D 打印技术又称增材制造技术、快速成型技术，是一种基于增材理念的制造技术。

在材料加工领域，按照处理方式的不同，从原理上可分为减材制造、等材制造和增材制造三种。传统的车削、铣削、刨削、磨削等加工技术属于典型的减材制造工艺；铸造、锻造等加工技术属于等材制造工艺；焊接、熔覆等加工技术属于增材制造工艺。

3D 打印技术是将零件的三维数字模型数据进行计算机处理，并结合特定的材料添加方法及数控技术，快速制造出三维实体，而无须使用传统的刀具和夹具。3D 打印技术原理如图 1-2 所示，即先在计算机上建立零件的三维数字模型，然后利用切片软件将该模型按一定的厚度分层切片，将零件的三维数据信息离散成一系列二维轮廓信息，根据每层的轮廓信息生成数控代码，再采用特定的材料及添加方法（如光固化、选择性激光烧结、熔融沉积等），得到与零件在该层截面形状一致的薄片，重复这一过程，逐层叠加，最终堆积出三维实体零件或近形件。

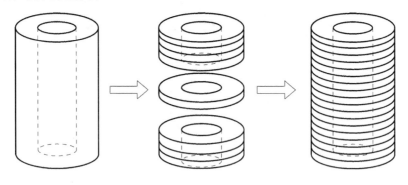

图 1-2 3D 打印技术原理

根据 3D 打印技术的原理，在进行实物打印时，需要以零件三维数字模型为基础，将利用三角面模拟三维表面几何模型的 STL（stereo lithography，立体光刻）格式文件，输出给切片软件；利用切片软件将三维数字模型分层离散，根据实际层面信息进行工艺规划，并生成供 3D 打印设备识别的驱动代码；根据代码命令，利用相应技术方式的 3D 打印设备，再使用激光束、热熔喷嘴等方式，将金属、陶瓷等粉末材料，纸、聚丙烯等固体材料，以及液体树脂、细胞组织等液态材料进行逐层堆积黏结成型，最后再根据 3D 打印设备技术特点进行固化、烧结、抛光等后处理。3D 打印技术工作流程如图 1-3 中所示。

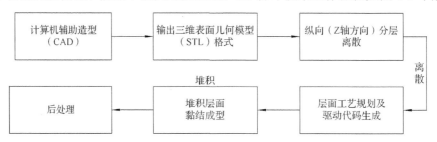

图 1-3 3D 打印技术工作流程

1.1.2　3D 打印技术的优缺点

1. 3D 打印技术的优点

与传统制造技术相比，3D 打印技术有以下优点。

1）3D 打印技术可以根据零件的三维数字模型数据（可通过零件图或产品原型逆向得到）直接制造出该模型的塑料件或金属件，无须使用刀具和模具，因而没有刀具的磨损问题，并且可制造一些传统方式难以加工的零件。

2）3D 打印技术由于采用分层制造技术，因此不受零件几何形状的限制，理论上可以制造出任意形状的零件，甚至可以快速制造出一些复杂形状零件及模具。

3）3D 打印技术的自动化程度较高，可实现产品设计、制造和性能检测的一体化，有利于及时发现产品的设计错误和功能缺陷，缩短了新产品的研发时间。

2. 3D 打印技术的缺点

作为一门新兴技术，3D 打印技术现阶段存在以下缺点。

1）3D 打印技术的效率还不够高。3D 打印技术利用切片软件分层制造（打印），零件的成型精度和加工速度互相制约，即切片越薄，对成型精度的要求越高，所需要的打印时间越长；反之，切片越厚，打印时间越短，成型精度越低。这一劣势在打印大型零件或大批量零件时，更加明显。以模具 3D 打印为例，在模具研发阶段，采用 3D 打印技术进行模具的直接打印，可减少开模周期，并方便修改，此时采用 3D 打印技术无疑是有益的。但是模具一旦定形，需要大批量生产时，采用 3D 打印技术从效率和成本上都不如传统的加工方式。

2）3D 打印的设备和成型材料价格较高。目前桌面级 3D 打印机的售价较低，但工业级 3D 打印设备和材料的价格仍然较高。例如，工业级的喷墨砂型 3D 打印机一般都在百万元人民币以上，所用的 3D 打印金属粉末售价也较高，这限制了 3D 打印技术在中、小型企业中的应用。

3）3D 打印技术的成型件性能较低。非金属 3D 打印机的成型材料一般为丙烯腈-丁二烯-苯乙烯共聚物（acrylonitrile-butadiene-styrene copolymer，ABS）塑料、纸、石蜡、树脂等非金属材料或复合材料，成型件的密度、强度及硬度等力学性能较差。因此，上述成型件一般只能用于模型展示等对使用性能要求不高的场合。在实际应用中，更多需要具有高性能的实用金属材料零件，这就推进了以制造金属材料成型件为主要目标的 3D 打印技术的发展。然而，一般认为，金属材料成型件除使用钛合金材料等特殊的成型件外，其余大部分成型件的强度、硬度都略高于铸件，低于锻件，容易产生内部缺陷，对工艺要求高，并且难以满足恶劣的工况要求，这些均限制了其广泛应用。

1.1.3　3D 打印技术分类

3D 打印技术发展到现在，已经出现了几十种不同的工艺方法。按照成型材料的不同，可以将其分为金属材料、非金属材料及以上两者的复合物等的 3D 打印技术。

1. 非金属材料3D打印技术

以成型非金属产品为主的 3D 打印技术有光固化（stereo lithography appearance，SLA）技术、选择性激光烧结（selective laser sintering，SLS）技术、熔融沉积成型（fused deposition modeling，FDM）技术、三维印刷（three-dimension printing，3DP）技术等。

（1）光固化技术

光固化技术又称立体光刻技术、立体印刷技术等，属于冷加工工艺。其原理是以液态光敏树脂为材料，以紫外激光为光源，使材料在温室下发生光聚合反应，从而完成材料的逐层打印，堆叠成型，如图 1-4 所示。该工艺的优点是成型精度高，成型件表面质量较好，可打印形状复杂的空心零件，可用于消失模铸造等间接制模法。其缺点是成型件需要支撑，且长期放置易变色，同时液态光敏树脂的价格较高，并且有一定的毒性，在加工过程中要做好防护措施。

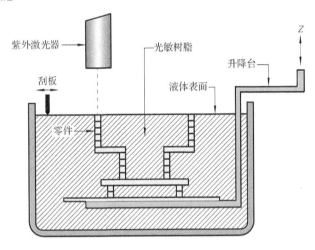

图 1-4　SLA 打印原理

（2）选择性激光烧结技术

选择性激光烧结技术又称选区激光烧结技术、粉末选择性激光烧结技术。SLS 打印原理如图 1-5 所示，其工艺过程是在工作台上铺一层粉末材料，激光束在计算机的控制下，对粉末进行选择性烧结。一层烧结后，工作台下降一个分层厚度，铺粉装置铺上一层新粉，再次进行激光选择性烧结，新的烧结层与上一层牢牢黏结在一起，这样层层烧结，最终得到所需的成型件。

SLS 属于热加工工艺，材料一般为 ABS、PS 等高分子塑料粉末，也可以采用石蜡、覆膜砂陶瓷粉、低熔点金属粉末等。当成型材料为陶瓷粉、低熔点金属粉末时，一般需要进行加热、渗蜡或渗铜等后处理，以增加成型件的强度和精度。与 SLA、FDM 成型件相比，SLS 成型件的强度和精度更高。

（3）熔融沉积成型技术

熔融沉积成型技术的原理类似于挤牙膏，属于热加工工艺。材料是丝材，以热塑性 ABS 或聚乳酸（polylactic acid，PLA）最为常见。丝材在加热头内受热熔化为熔融状态，由加热头将熔融材料沿着零件的表面轮廓挤出后冷却成型。该工艺的优点是成本低、使用维护简单、清洁无污染、打印速度较快。桌面级熔融沉积 3D 打印机价格便宜，可同时打印大批量成型件，再组装为大型零件。FDM 成型件的强度高于 SLA 成型件，但精度一般不高。FDM 打印原理如图 1-6 所示。

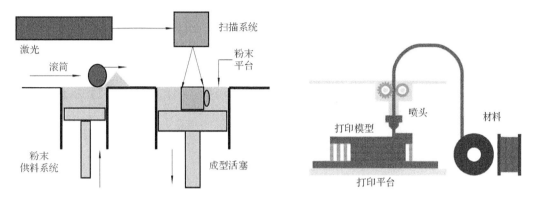

图 1-5 SLS 打印原理 图 1-6 FDM 打印原理

（4）三维印刷技术

三维印刷技术又称三维喷墨打印技术，其打印原理如图 1-7 所示，其成型原理与喷墨打印机的原理类似，首先在成型仓上均匀地铺上一层粉末，喷头在计算机的控制下，将液态的黏结剂喷射在指定的选区，等黏结剂固化后，成型仓下降一个分层厚度，再铺一层粉末进行喷射黏结，如此循环，最终除去未黏结的粉末材料，获得所需要的三维实体。3DP 成型材料多采用陶瓷粉末、塑料粉末，也可以采用金属粉末。

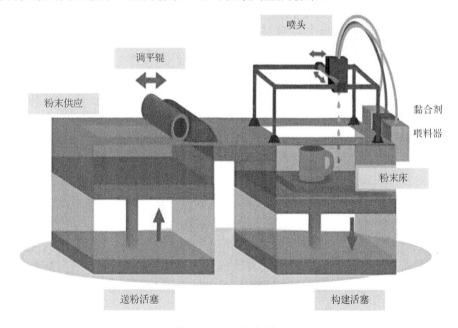

图 1-7 3DP 打印原理

该工艺的优点在于打印速度快，无须支撑，而且能够打印彩色产品；缺点在于粉末黏结件强度不够，其表面质量不如 SLS、SLA 等成型件，精度不高。当前，该工艺在砂型铸造领域应用较广泛，可直接打印大型砂铸模具。在打印时，将石英砂和固化剂混合搅拌后，送入储粉仓，平铺在粉末床上，用刮板刮平，喷头喷射呋喃树脂，与固化剂反应后固化，并将石英砂包裹，层层打印，最终得到砂铸模具。其成型速度快，材料成本低，适合大型铸造企业。

2. 金属材料 3D 打印技术

金属材料 3D 打印技术有多种形式，根据能量源不同，可分为激光、电子束、电弧等 3D 打印技术；根据结构形式不同，可分为送粉、铺粉、送料等 3D 打印技术；根据成型方法不同，可分为间接金属成型和直接金属成型 3D 打印技术两种。3D 打印金属材料成型件如图 1-8 所示。

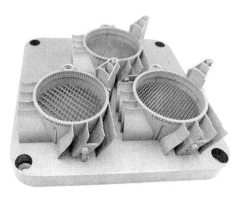

图 1-8   3D 打印金属材料成型件

间接金属成型 3D 打印技术可分为两类：一类是根据非金属材料零件原型翻制为金属材料零件，如石墨电极放电加工成型工艺、熔模铸造工艺等；另一类如 SLS 工艺，采用非金属材料或低熔点金属材料作为黏结剂，将难熔金属粉末黏结在一起构成复合疏松件，再渗入铜、锡等金属，得到相对致密的成型件。使用间接金属成型 3D 打印技术虽然可以获得金属材料零件，但增加了生产的中间环节，降低了零件的精度，零件的强度较低且适用领域有限。

直接金属成型 3D 打印技术以各种高能束为热源，以各种熔点的金属粉末作为材料进行金属材料零件（工具、模具）的直接制造。由于不存在零件原型制造或复合疏松件制造等中间步骤，零件的成型时间大大缩短，零件的强度、致密度也大幅度提高，因此，直接金属成型 3D 打印技术已成为快速成型领域研究的新热点。根据能量源及材料供给方式的不同，直接金属成型 3D 打印技术可分为直接金属激光烧结（direct metal laser-sintering，DMLS）技术、选择性激光熔化（selective laser melting，SLM）技术、电子束熔炼（electron beam melting，EBM）技术、电弧送丝增材制造（wire and arc additive manufacturing，WAAM）技术、直接金属沉积（direct metal deposition，DMD）技术。

1.1.4   3D 打印技术的应用现状

1. 生物医学领域

随着科技的发展，在生物医学领域中，人们对 3D 打印技术的研究逐渐增多，主要的应用方面包括体外医疗器械和医疗模型制造，永久化、个性化的生物组织工程，人体器官模型制作等，应用前景极为广泛。

2. 建筑行业

在建筑行业中，工程师和设计师使用 3D 打印技术制造建筑模型。这样的方式具有速度快、成本低、环保、制作精美等优点，能够符合工程师和设计师的要求，同时也能节省大量的材料。

3. 食品行业

3D 打印技术在食品行业主要用于打印食物。这种方式打印出来的食物不仅外观美观，并且美味可口，与手工制作的食物并无差别。

4. 考古文物领域

3D 打印技术在考古文物领域主要用于修复已经破损的古文物。在应用 3D 打印技术进行文物修复时，需要使用 3D 扫描仪扫描破损文物，完成数据采集，并处理数据，建立相应的三维数字模型之后进行打印。

5. 航空航天领域

航空航天领域是 3D 打印技术的重要应用领域之一。航空发动机的许多零件都可用金属材料 3D 打印技术来制造。

6. 教育行业

3D 打印技术也为教育行业的发展开启了一个新的方向。许多教育机构和组织正探索如何将 3D 打印技术应用到教育、教学中，使学生在学习的过程中不仅可以体会到新技术带来的便利性，而且还可以提高思维创新性和促进学习积极性。

7. 传统机械制造行业

在传统机械制造行业中，精度是一个难题，一个零件的精度达不到要求就等于是废件，浪费大量的人力、物力。3D 打印的特点是定制化、生态化、智能化，这对于传统机械制造行业来说是一项革命性的技术。3D 打印技术可以大幅提升机械制造成品率，切实确保产品质量，助力机械制造的产业发展。3D 打印可应用于样品生产、新产品研发、加工可适应特殊环境的零部件。

8. 珠宝首饰行业

随着珠宝首饰行业的发展，个性化需求越来越普遍，但是传统工艺制作周期长，人工要求高等一系列因素渐渐不能满足市场需求，而 3D 打印技术因其快速成型的技术优势，正被广泛地应用于珠宝首饰行业。3D 打印技术也突破了传统首饰设计的局限，降低制造产品的门槛，给设计带来了无限可能性，备受设计师的青睐。

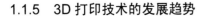

1.1.5　3D 打印技术的发展趋势

3D 打印技术是一个新时代的新兴技术，它的发展趋势可以归纳为以下几点。

1）积极投入使用各种新型材料，如新型高聚合材料、纳米材料等，可以打印出更多的真实物体。随着技术的进步，未来适用于 3D 打印技术的材料也将大幅增加，而且会产生多元材料的混合使用，实现复杂物体的制造。

2）基于技术的革新，3D 打印设备的打印效率会得到迅速发展。

3）随着 3D 打印材料的拓展，3D 打印技术的应用领域会越来越广泛。

4）3D 打印设备的便利化、智能化。随着技术逐渐提高，3D 打印设备的价格、成本将大幅度降低，部分厂商将会推出价格经济实惠的民用级别打印设备。随着 3D 打印技术的发展，3D 打印成型件制作成本不断下降，制作精度进一步提高，在弥补传统工业不足的同时带动传统印刷产业的发展，3D 打印技术已在市场上形成不可阻挡的发展趋势。此外，3D 打印设备具有灵活性、轻便性、移动性的特点，操作员可以通过网络发出指令，产品可以在不同的地方生产并配送给客户，颠覆了传统的生产时间和地点不易改变的观念，也颠覆了传统的供应链、分销网的部署格局，可以实现真正的云制造。在未来的几年，也许一款新的手机或智能机器人，就可以通过 3D 打印设备完成从材料打印、材料组合到产品组装的整个制造过程。

任务 1.2　初识 UG NX 1899 软件

1.2.1　UG NX 1899 软件介绍

UG NX 1899 软件是一个将 CAD（computer aided design，计算机辅助设计）、CAM（computer aided manufacturing，计算机辅助制造）、CAE（computer aided engineering，计算机辅助工程）高度集成的集成化软件，该软件具有强大的草图绘制、实体造型、曲面造型、虚拟装配、模拟仿真及生成工程图等功能，可应用于产品的整个开发过程。

1.2.2　文件的创建与保存

1.　创建用户文件夹

在学习使用 UG NX 1899 软件时，应该特别注意文件的管理。使用 UG NX 1899 软件存储的文件名称和存储路径中可以有汉字，但是版本低于 UG NX 6.0 的软件无法识别路径中包含汉字的文件，从而导致文件无法正常打开。

2.　创建新的文件

在菜单栏中选择"文件"|"新建"命令，或选择"菜单"|"文件"|"新建"命令，弹出"新建"对话框，如图 1-9 所示。在该对话框中首先需要修改文件的名称，然后选择要保存文件的路径。可以在"模型"选项卡中选择适当的过滤器，默认选择"模型"命令完成以上操作，单击"新建"对话框右下角的"确定"按钮完成新文件的创建。

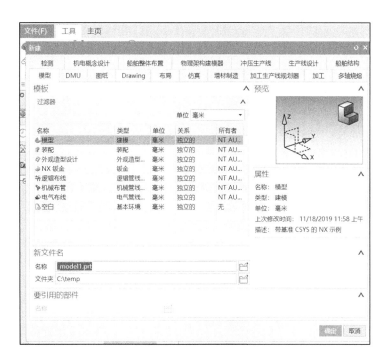

图 1-9　"新建"对话框

3. 保存当前文件

在菜单栏中选择"文件"|"保存"命令，或选择"菜单"|"文件"|"保存"命令，可对文件进行保存，此时保存的文件默认存储在"新建"对话框设定的路径中。如果在菜单栏中选择"文件"|"保存"|"另存为"命令，在弹出的"另存为"对话框中可以更改默认的保存路径和文件名，修改完成后单击"OK"按钮即可完成文件的另存为操作，"另存为"对话框如图 1-10 所示。

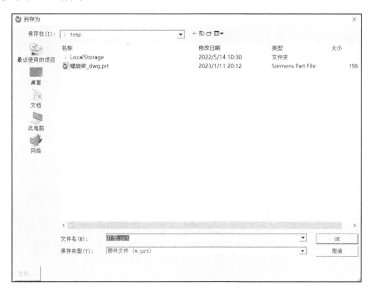

图 1-10　"另存为"对话框

4．关闭当前文件

在菜单栏中选择"文件"|"关闭"|"保存并关闭"命令即可关闭当前的工作文件，关闭文件操作如图 1-11 所示。

图 1-11　关闭文件

1.2.3　UG NX 1899 软件工作窗口

UG NX1899 主工作界面如图 1-12 所示，主要由标题栏、功能区、绘图区、部件导航区等部分组成。其中，功能区有"文件""主页""装配""曲线""分析""视图""渲染""工具""应用模块""注塑模向导"（需要另外安装）等选项卡。

图 1-12　UG NX1899 主工作界面

1.2.4　UG NX 1899 软件基本设置

1．对象首选项

选择"菜单"|"首选项"|"对象"命令，弹出"对象首选项"对话框，如图 1-13 所示。该对话框主要用于设置对象属性，如颜色、线型和线宽等（新的设置只对设置的对象有效，对以前创建的对象无效）。

2. 用户界面首选项

在菜单栏中选择"文件"|"首选项"|"用户界面"命令，或者选择"菜单"|"首选项"|"用户界面"命令，系统弹出如图 1-14 所示的"用户界面首选项"对话框，有"布局""主题""资源条""触控""角色""选项""工具"七个标签，主要用来设置窗口位置、数值精度和宏选项等。

图 1-13　"对象首选项"对话框

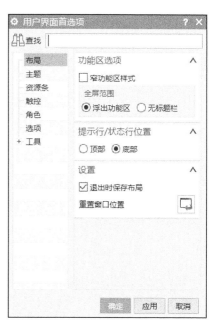

图 1-14　"用户界面首选项"对话框

3. 选择首选项

在菜单栏中选择"文件"|"首选项"|"选择"命令，或者选择"菜单"|"首选项"|"选择"命令，弹出"选择首选项"对话框，如图 1-15 所示，主要设置光标预选对象、光标选择半径、高亮显示的对象、尺寸公差和矩形选取方式等选项。

1）"鼠标手势"下拉列表框：设置鼠标选择范围时的形状，有"套索""矩形""圆"三种类型。

2）"选择规则"下拉列表框：设置矩形框选择的对象。"内侧"用于选择矩形框内部对象；"外侧"用于选择矩形框外部的对象；"交叉"用于选择与矩形框相交的对象；"内侧/交叉"用于选择矩形框内部和与矩形框相交的对象；"外侧/交叉"用于选择矩形框外部和与矩形框相交的对象。

3）"高亮显示滚动选择"复选框：设置预选对象是否高亮显示。当选中该复选框，光标接触到对象时，该对象会以高亮的方式显示，以提示可供选择。下方的"滚动延迟"选项组用于设置预选对象高亮显示延迟的时间。

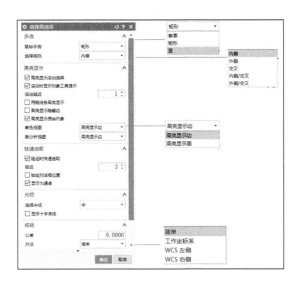

图 1-15 "选择首选项"对话框

任务 1.3 初识 Cura 软件

1.3.1 Cura 软件介绍

Cura 软件是 UltiMaker 公司设计的 3D 打印软件，以高度整合性和易用性为设计目标，包含了 3D 打印需要的功能。该软件分为三维数字模型切片和打印机控制两大部分。

1.3.2 导入三维数字模型文件

在菜单栏中选择"文件"|"打开文件"命令，如图 1-16 所示，选中相应文件即可，也可以将三维数字模型直接拖动到打印平台。

图 1-16 打开文件

1.3.3　添加打印机

软件安装完成、经过初始化设置后，进入 Cura 软件窗口，首先需要添加打印机并进行设置。在菜单栏中选择"设置"|"打印机"|"新增打印机"命令，在弹出的"新增打印机"对话框中单击"添加未联网打印机"标签进入"添加未联网打印机"选项卡，在 Custom 下拉列表框中选中"Custom FFF printer"单选按钮，如图 1-17 所示，并修改打印机名称。其他相应的参数设置如图 1-18 所示。

图 1-17　"新增打印机"对话框

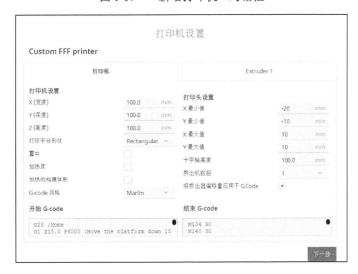

图 1-18　打印机参数设置

1.3.4　模型编辑功能

Cura 软件具有模型编辑功能，可以有效地在工作窗口中移动、缩放、旋转三维数字模型，Cura 软件的模型编辑功能如图 1-19 所示。

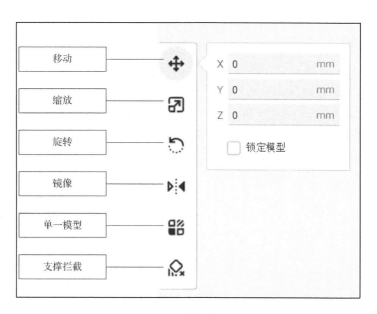

图 1-19　Cura 软件的模型编辑功能

1.3.5　打印参数设置

Cura 软件的参数栏如图 1-20 所示，单击"配置文件"下拉列表框，可以调出打印设置，包括 Extra-0.6mm、Fine-0.1mm、Normal-0.15mm、Draft-0.2mm 等打印模式。具体分类打印参数设置包括质量、墙、顶/底层、填充、速度、移动等。

图 1-20　Cura 软件的参数栏

1.3.6　切片并保存文件

当所有的设置确认后单击"切片"按钮即可生成 GCODE 格式文件，"切片"按钮如图 1-21 所示。完成切片后，单击"预览"按钮，预览打印效果，如图 1-22 所示，然后单击"保存到磁盘"按钮。

图 1-21　"切片"按钮

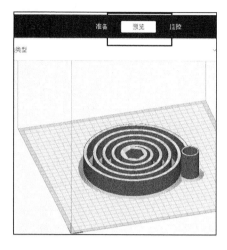

图 1-22　预览打印效果

任务 1.4 　 3D 打印机的操作

1.4.1　3D 打印机概述

　　3D 打印机是一种精密仪器，它涉及光学、机械制造工程、电子工程、材料科学等多个学科。3D 打印机的种类很多，也各有特色。本书以市场上常见的 3D 打印设备为例，对 FDM 3D 打印机的基本参数、配置、具体设置、操作等问题进行详细说明与介绍。

1.4.2　快速了解 FDM 3D 打印机

　　本书以创想 CT-300 3D 打印机为例介绍。创想 CT-300 3D 打印机的主要结构包括断料检测、喷头套件、触摸屏、U 盘接口、成型平台、开关及电源插座，如图 1-23 所示；其交互界面如图 1-24 所示。

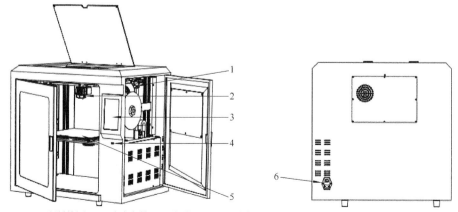

1．断料检测；2．喷头套件；3．触摸屏；4．U 盘接口；5．成型平台；6．开关及电源插座。

图 1-23　创想 CT-300 3D 打印机主要结构

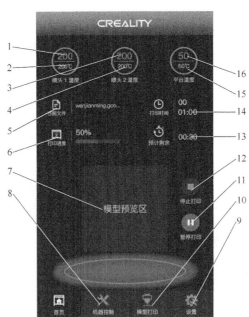

1. 喷嘴 1 实际温度；2. 喷嘴 1 设置温度；3. 喷嘴 2 实际温度；4. 喷嘴 2 设置温度；5. 当前文件；
6. 打印进度；7. 模型预览区；8. 机器控制；9. 设置；10. 模型打印；11. 暂停打印；12. 停止打印；
13. 剩余打印时间；14. 打印时间；15. 平台设置温度；16. 平台实际温度。

图 1-24 创想 CT-300 3D 打印机界面信息

1.4.3 术语说明

1）成型平台：构建三维实体的部分。

2）平台贴纸：平台贴纸粘贴在成型平台上，目的是让三维实体更好地粘贴在成型平台上。

3）打印体积：打印体积是指可构建三维实体的最大长×宽×高（用户不能直接打印超过该参数的三维实体）。

4）调平螺母：平台支架下的四颗调平螺母用于调节成型平台和喷嘴的间距。

5）喷头：内含齿轮传送结构，将耗材从进丝孔导入、加热，再从喷嘴挤出。

6）喷嘴：喷头最下部的黄铜色金属结构，经过喷头加热的耗材从该处挤出。

7）喷头风扇：喷头风扇用于降低喷头运作时的温度，以及加速耗材的凝固。

8）进丝孔：耗材进入喷头的入口，位于喷头顶部。

9）丝盘架：放置耗材的装置，位于打印机侧部。

1.4.4 3D 打印机操作步骤

1. 启动 3D 打印机

电源线接口位于设备背面，将电源线与电源适配器连接，然后将电源适配器连接在机器的插口上，电源线另一端连接插座，再打开主板电源开关，按下设备开关按键，启动设备。

2.　3D 打印机调平

依次移动喷嘴到调平螺母上方（五个位置），调节成型平台与喷嘴之间的距离，两者的间距约为 0.1mm（一张 A4 纸的厚度）。顺时针调节调平螺母，成型平台远离喷嘴，逆时针调节调平螺母，成型平台靠近喷嘴。

3.　安装材料

设备左侧设置有材料架，拆掉材料的外包装，将其挂在材料架上，穿过断料检测孔。在触摸屏主面板上点击"喷头 1"按钮，在弹出的对话框中输入目标温度，点击"OK"按钮即预热成功。预热喷嘴后，将材料往前推进，将新材料送入。

4.　导入文件，开始打印

通过切片软件生成 G-code 格式文件并保存到存储卡。插入 U 盘，调整好参数（设置耗材温度为 200℃，打印底板温度为 60℃），选择要打印的文件，点击"打印"按钮，开始打印。在打印过程中，需要注意观察 3D 打印机的运行状态和打印效果。开始打印后可以先观察 5～10min，确保打印正常进行后，可以离开实验室等待打印完成。在打印过程中如果发现问题，则应结束本次打印。

5.　取出成型件

打印完成后，待成型件冷却以后将其拆下。注意不可硬拆。

項目 2

"福"字挂件的设计与打印

　　春节快到了，科技馆计划 3D 打印一些"福"字挂件进行科普宣传活动，"福"字挂件如图 2-1 所示，你能帮助他们完成"福"字挂件的设计吗？本项目将利用 UG NX 1899 软件设计一个"福"字挂件，再将其打印出来；并将重点介绍草图、拉伸、布尔运算等命令，以及 3D 打印机的基本操作方法。

图 2-1　"福"字挂件

学习目标

知识目标

● 学会"福"字挂件的设计思路。
● 学会直线、矩形、圆和圆弧等草图命令的使用方法。
● 学会拉伸命令和布尔运算命令的使用方法。
● 学会手绘图表达设计创意。
● 学会 3D 打印机的操作方法，了解 3D 打印成型材料的特点。

能力目标

● 能够熟练应用草图、拉伸、布尔运算等命令。
● 能够将生活中常见的挂件绘制为三维数字模型。
● 能够熟练操作 3D 打印机。
● 具有搜集、分析产品资料的能力。

任务 2.1 方 案 设 计

2.1.1 中国"福"文化

中国"福"文化历史悠久，与中华民族同生，与中华民族同步发展，是中华民族的基因文化。"福"文化是中华亿万人民的精神寄托，为每个中华儿女所认同和推崇，是维系各民族之间手足情感、团结各阶层、推动中华民族不断发展前行的强有力的文化纽带。中国最古老的甲骨文中就出现了"福"字，至今约有三千年历史。"福"字博大精深、雅俗共赏，表现出巨大的包容性、丰富性和群众性。据专家考证，贴"福"字的风俗至少从南宋时期已经开始，同时，如祝福、祈福、赐福、请福、接福、纳福、摸福等各种仪式和活动也传承至今，成为中华民族特有的生活习俗和文化符号。"福"字设计如图 2-2 所示。

图 2-2 "福"字设计

2.1.2 "福"字挂件设计参考

在设计"福"字挂件时，可以结合地方特色或传统文化，从自身的生活和文化经验出发，探索个性化的装饰风格，让设计更有意义。"福"字挂件设计如图 2-3 所示。

图 2-3 "福"字挂件设计

2.1.3 草图设计

思考一下："福"字挂件的设计思路与呈现方式是什么？请记录在表 2-1 中。

表 2-1 "福"字挂件的设计思路与呈现方式

设计思路（"福"字挂件造型设计）	呈现方式（主要包括颜色、材料选择等）

任务 2.2 ┃ 3D 建模

2.2.1 建模思路

"福"字挂件 3D 建模思路如下。

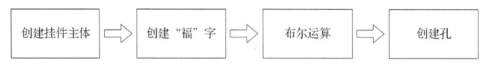

创建挂件主体 ⇒ 创建"福"字 ⇒ 布尔运算 ⇒ 创建孔

2.2.2 知识链接——草图

草图是绘制三维数字模型的基础，是 UG NX 1899 软件中创建并绘制在规定平面上的二维曲线集合。创建的草图实现多种设计需求，包括通过扫掠、拉伸或旋转草图来创建实体或片体、创建 2D 概念布局、构建几何体、运动轨迹、间隙弧。UG NX 1899 软件通过尺寸约束和几何约束可以用于创建设计草图，并且提供通过变动参数改变三维数字模型的功能。

1）启动 UG NX 1899 软件，在菜单栏中选择"文件"|"新建"命令，新建一个模型文件，进入 3D 建模环境；单击"主页"标签进入"主页"选项卡，单击"构造"选项组中的"草图"按钮，如图 2-4 所示，进入创建草图窗口，在"草图类型"下拉列表框中单击"基于平面"命令，再单击"确定"按钮，进入草图生成器，如图 2-5 所示。草图生成器窗口主要包括命令、快速访问工具条、导航器、选项卡、图形区、提示栏/状态栏等。

图 2-4　单击"草图"按钮

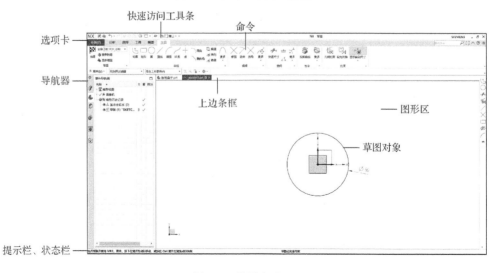

图 2-5　草图生成器

2）NX 草图生成器不仅可以创建、编辑草图元素，还可以对草图元素施加尺寸约束和几何约束，实现精确、快速地绘制二维轮廓。它提供了草图绘制工具、草图工具编辑、操作草图工具和草图约束工具。草图常用工具如图 2-6 所示。

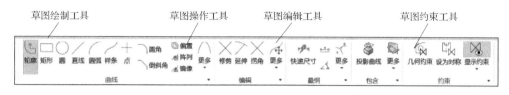

图 2-6　草图常用工具

2.2.3　知识链接——拉伸命令

使用拉伸命令可以创建实体或片体，其方法是选择曲线、边、面、草图或曲线特征的一部分，并将它们延伸一段线性距离，拉伸命令效果图如图 2-7 所示。单击"主页"标签进入"主页"选项卡，单击"基本"选项组中的"拉伸"按钮，或选择"菜单"|"插入"|"设计特征"|"拉伸"命令，弹出"拉伸"对话框，如图 2-8 所示，选择曲线和指定矢量，输入开始和结束距离，进行布尔运算操作后，单击"确定"按钮可通过拉伸得到实体。

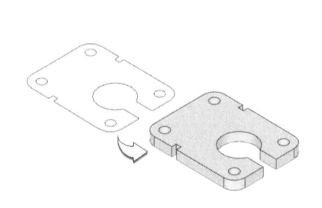

图 2-7　拉伸命令效果图

图 2-8　"拉伸"对话框

2.2.4　知识链接——布尔运算命令

布尔运算命令可以对两个或两个以上已经存在的实体进行合并、求差及求交运算。布尔运算命令可以对原先存在的多个独立实体进行运算，以产生新的实体。在进行布尔运算时，首先选择目标（即被执行布尔运算的实体，只能选择一个），然后选择工具（即在目标上执行操作的实体，可以选择多个），最后在运算完成后，工具成为目标的一部分，并且如果目标和工具有不同的图层、颜色、线型等特征，产生的新实体具有与目标相同的特征。如果文件中已存在实体，则当建立新特征时，新特征可以作为工具，已存在实体作为目标。布尔运算主要包括以下三部分内容：布尔合并运算、布尔求差运算和布尔求交运算。

例如，选择"菜单"|"插入"|"组合"|"合并"命令，弹出"合并"对话框，如图 2-9 所示。定义目标和工具，依次选择如图 2-10 所示的目标和工具，单击"确定"按钮完成布尔合并运算。

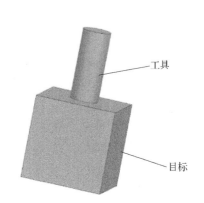

图 2-9　布尔运算"合并"对话框　　　　图 2-10　定义目标和工具

2.2.5　"福"字挂件 3D 建模步骤

"福"字挂件 3D 建模步骤如表 2-2 所示。

表 2-2　"福"字挂件 3D 建模步骤

步骤		结果图示
1. 拉伸长方体	① 绘制草图轮廓：在草图生成器中，以 XC—YC 平面创建草图，绘制矩形并标注尺寸（提示：在弹出的"矩形"对话框中选择"从中心"模式，以原点为起点，宽度为 60mm、高度为 60mm、角度为 45°，按鼠标滚轮确定）	
	② 拉伸：在"拉伸"对话框中，选择步骤 1 中步骤①创建的草图轮廓，设置拉伸参数，以 Z 轴正方向为矢量，创建拉伸体，拉伸高度为 2.4mm	

续表

步骤		结果图示
2. 创建 "福"字	① 创建文本：在"文本"对话框中，在"文本属性"中输入"福"，字体选择"楷体"，锚点位置选择中心，锚点放置在模型上，选择原点，输入高度"36"、W比例"100"	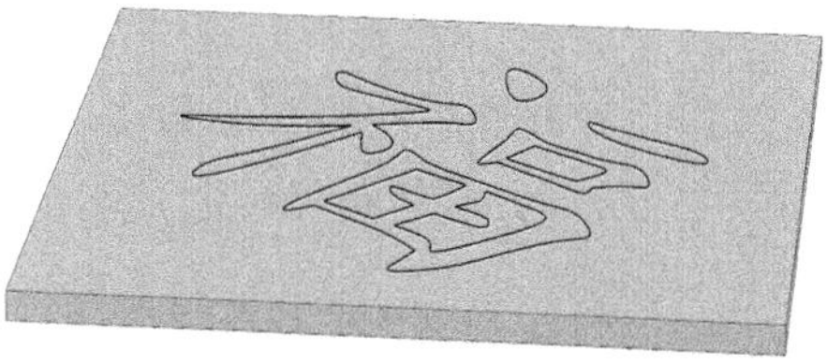
	② 文字拉伸：在"拉伸"对话框中，设置拉伸高度为 1.2mm，布尔运算为合并（提示：曲线选择方式改为区域边界曲线）	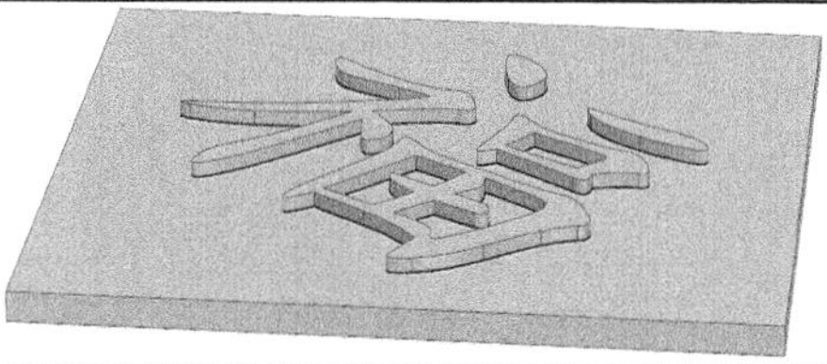
3. 创建孔	① 创建孔：在"孔"对话框中，选择简单孔，孔径为 3mm，深度限制为贯穿体，单击"草图"按钮进入草图生成器	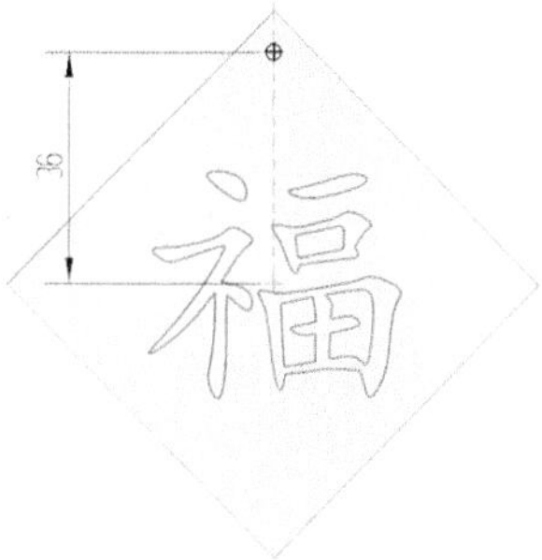
	② 进入创建草图窗口，在 Y 轴线对齐的相应位置画点，与原点距离为 36mm，退出草图生成器，单击"关闭"按钮，回到"孔"对话框，单击"确定"按钮，完成孔的创建	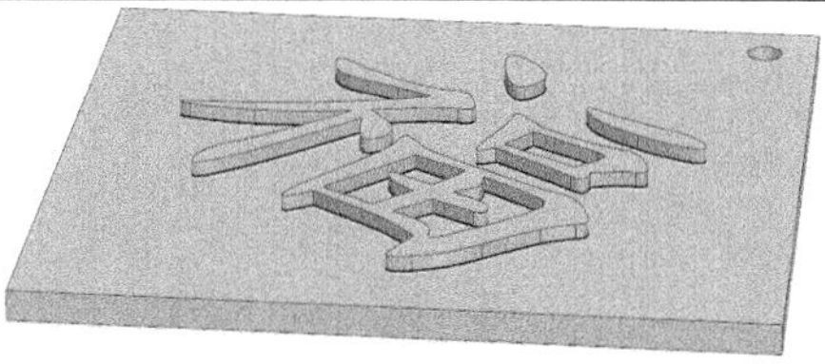
4. 导出 STL 格式文件	导出文件：选择"文件"|"导出"|STL 命令，导出 STL 格式文件，并保存	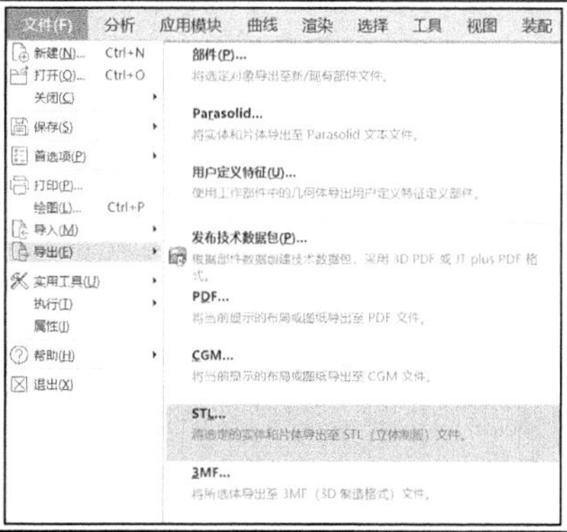

任务 2.3 3D 打印

2.3.1 知识链接——3D 打印材料

3D 打印材料是"流淌"在 3D 打印机里的"血液"，就目前而言，线材的种类有很多，如 PLA、ABS、聚碳酸酯（polycarbonate，PC）尼龙等。通常 FDM 3D 打印机所使用的材料为 ABS 或 PLA。

PLA 是一种生物降解塑料。制作 PLA 的材料有很多，如玉米、麦秆、甘蔗渣等。纯的 PLA 无毒，丢弃后可降解为二氧化碳和水，不会对大自然造成污染，属于环保材料。PLA 在使用过程中不需要热床设备，没有刺激性异味，较容易使用。PLA 线材及其打印作品如图 2-11 所示。

图 2-11　PLA 线材及其打印作品

ABS 同 PLA 一样属于 FDM 机型常用的材料之一。ABS 线材同 PLA 线材一样都是线盘装置，在使用时将线材盘置入材料槽即可。利用 ABS 线材可以制作多种家居饰品，而且因为材料比较坚固、韧性好，所以成型件性能较好，ABS 线材及其打印作品如图 2-12 所示。但是由于它受冷容易收缩，因此，在打印时必须使用热床设备，并且伴有刺激性异味。

图 2-12　ABS 线材及其打印作品

随着 3D 打印技术的发展，出现了许多新的打印材料。Markforged Holding Corp 公司是全球最先进的碳纤维 3D 打印公司之一，其推出了一款复合连续纤维新材料 Onyx，是一款独具优势的尼龙，其中所包含的分散式的微纤维可增强韧性和尺寸稳定性，具有卓越的表面质量，其强度是普通尼龙的 3 倍以上，热变形温度高达 145℃，采用新材料 Onyx 打印的零件如图 2-13 所示为。

图 2-13　采用新材料 Onyx 打印的零件

Filame 是一种新型金属 3D 打印材料，此种材料的 88%为金属材料，其余的 12%为黏结材料。该材料的研制，有可能开拓一条从廉价的桌面级 3D 打印通向金属材料 3D 打印的道路，并大大降低金属材料 3D 打印的成本、提高打印效率。采用 Filamet 打印的猫头鹰如图 2-14 所示。

图 2-14　采用 Filamet 打印的猫头鹰

2.3.2　"福"字挂件 3D 打印工作指导

"福"字挂件 3D 打印工作指导如表 2-3 所示。

表 2-3　"福"字挂件 3D 打印工作指导

步骤	结果图示
1. 文件切片	① 在菜单栏中选择"文件"|"打开文件"命令，打开要打印的文件	文件(R) 编辑(E) 视图(V) 设置(S) 扩展(X) 偏好 新建项目(N)...　Ctrl+N 打开文件(O)...　Ctrl+O 打开最近使用过的文件(R) 保存项目(&S)...　Ctrl+S 导出(E)... 导出选择... 重新载入所有模型　F5 退出(Q)
	② 位置摆放：合理确定三维实体在打印平台的摆放位置	

续表

步骤		结果图示
1. 文件切片	③ 打印参数设置：在"打印设置"对话框中单击"配置文件"下拉列表框中的"Fine-0.1mm"命令，取消选中"生成支撑"复选框，在"打印平台附着类型"下拉列表框中选择"Skirt"命令，其他参数采用默认值	
	④ 先单击"切片"按钮，完成切片后弹出"保存到磁盘"按钮；单击"保存到磁盘"按钮，把 G-code 格式的打印文件保存到 U 盘进行打印	
2. 打印三维数字模型	3D 打印机打印三维数字模型，设置喷嘴温度为200℃，热床温度为60℃，选择文件，开始打印	
3. 后处理	① 去除支撑。用斜口钳去掉大的支撑；用刀笔去除小的支撑 ② 用砂纸进行表面打磨 ③ 打磨光滑后，喷漆上色	

将设置的打印参数记录在表 2-4 中，以便在打印完成后进行质量检查。在打印过程中出现问题时，可查看打印参数，再次打印时可调整相应参数，进行对比。每次打印完成后，基于最终三维实体进行整体打印参数的总结。

表 2-4   "福"字挂件打印参数

序号	打印参数名称	数值	备注
1	层厚		
2	壁厚		
3	顶/底层厚度		
4	填充密度		
5	挤出温度		
6	平台温度		
7	填充线间距		
8	支撑类型		
9	有无底座		

总结

实 训 评 价

实训评价表如表 2-5 所示。

表 2-5　实训评价

评价项目	评价依据	学生自评得分	教师评价得分
草图设计模块（20分）	设计思路清晰		
3D 建模模块（30分）	熟练运用草图、拉伸、布尔运算等命令		
3D 打印模块（25分）	能熟练进行切片、打印三维数字模型，了解材料特性		
成果展示模块（15分）	展示效果		
团队精神（10分）	团队意识和合作精神		
任务反思	哪些地方做得比较好？ 哪些地方需要改进？		
综合评价			

拓 展 训 练

王老师想要几个作业评价的印章，有"优秀""良好""合格"等多种评价，你能帮王老师设计并打印几个这样的印章吗？印章参考图片如图 2-15 所示。

图 2-15　印章参考图片

項目 3

灯笼的设计与打印

春节将近，学校 DIY 手工社团需要一批 3D 打印的灯笼，灯笼如图 3-1 所示。你能帮助他们完成灯笼的设计与打印吗？本项目将利用 UG NX 1899 软件设计一个灯笼，再将其打印出来；并将介绍草图、旋转、布尔运算等命令，以及 3D 打印前处理、3D 打印机操作等内容。

图 3-1　灯笼

学习目标

知识目标

● 学会灯笼的设计思路。
● 学会直线、圆和圆弧等草图命令的使用方法。
● 学会旋转等命令的使用方法。
● 学会手绘图表达设计创意。
● 学会 3D 打印机的操作方法，了解 3D 打印文件格式。

能力目标

● 能够熟练应用草图、旋转等命令。
● 能够将生活中常见的挂件绘制为三维数字模型。
● 能够熟练完成 3D 打印前处理工作，并独立操作 3D 打印机。
● 具有搜集、分析产品资料的能力。

任务 3.1 方 案 设 计

3.1.1 中国的灯笼

中国灯笼是一种古老的汉族传统工艺品，每年农历正月十五元宵节前后，人们都会挂起象征团圆意义的红灯笼，营造一种喜庆的节日氛围。元宵观灯的习俗起源于汉朝初年，但也有相传唐明皇为庆祝国泰民安，于元宵节在上阳宫大陈灯影、扎结花灯，借着闪烁不定的灯光，象征着彩龙兆祥、民富国强。花灯的习俗至今仍广为流行。

古时灯笼也多用于照明，根据技法、工艺、装饰的不同，种类、用途也大有不同。在古代皇宫和宫廷中，灯笼也称宫灯，其工艺精美，闻名于世界各地。在古时民间，人们常在新年期间自发性地聚在一起舞龙灯。舞龙灯是一种极具传统艺术性，流传广泛的活动。灯笼还有走马灯、纱灯、吊灯等。在造型和装饰细节上，常用虫、木、草、鱼、鸟、兽等。但要说最佳，还是要数元宵节的花灯，"东风夜放花千树"一句说的就是元宵节花灯的繁荣场景。

中国的灯笼综合了绘画艺术、剪纸、纸扎、刺绣等工艺。在中国古代制作的灯笼中，以宫灯和纱灯最为著名。灯笼与中国人的生活息息相关，庙宇中、客厅里，处处都有灯笼，如图 3-2 所示。

图 3-2 节日灯笼

中国的灯笼，不仅是用以照明，它往往也是一种象征。不同的灯笼用于不同的场合。例如，"新娘灯"可用于婚礼等喜庆的场合，表示祝福；竹篾灯则用于丧葬等庄严的场合，寓意缅怀。灯的音与丁相近，也寓意着人丁兴旺，古时基本家家户户都会在门口挂上红彤彤的大灯笼，寓意着吉祥如意。每年正月私塾（古代的学校）开学时，家长会为子女准备一盏灯笼，由老师点亮，象征学生的前途一片光明，称为开灯，如图 3-3 所示。

近年来，随着科技的飞速发展，灯笼也出现了 LED 灯和新兴电子灯，更多新花样、新玩法在不断诞生。但是，仍有无数老手艺人坚持传承传统技艺，不改初心，用心做一盏好灯。人们也会在灯笼上书写民间故事，教导幼童们认知中华文化，使中华优秀传统文化代代相传。

图 3-3　开灯

3.1.2　灯笼设计参考

灯笼有着上、中、下三层的结构，上面是吊绳所在部分，中间是灯笼的主体，下面是灯笼的装饰吊绳。在设计灯笼时，可以结合地方特色或传统文化，同时也要考虑制造成本。灯笼设计示例如图 3-4 所示。

图 3-4　灯笼设计示例

3.1.3　草图设计

思考一下：灯笼的设计思路与呈现方式是什么？请记录在表 3-1 中。

表 3-1　灯笼的设计思路与呈现方式

设计思路（灯笼造型设计）	呈现方式（主要包括颜色、材料选择等）

任务 3.2 | 3D 建模

3.2.1 建模思路

灯笼 3D 建模思路如下。

创建灯笼主体 ⇒ 创建编制轮廓 ⇒ 布尔运算 ⇒ 创建提手

3.2.2 知识链接——旋转命令

旋转命令是指将截面线围绕一根轴线旋转一定角度生成旋转特征体。旋转特征又称回转特征。创建旋转特征体的典型示例如图 3-5 所示。

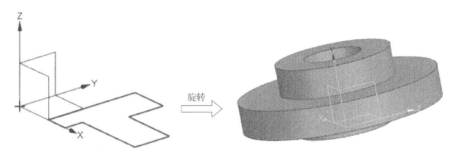

图 3-5 创建旋转特征体的典型示例

1）单击"主页"标签进入"主页"选项卡，单击"基本"选项组中的"旋转"按钮，或在菜单栏中选择"插入"|"设计特征"|"旋转"命令，弹出"旋转"对话框，如图 3-6 所示。

图 3-6 "旋转"对话框

2）选择要旋转的曲线，如图 3-7 所示。

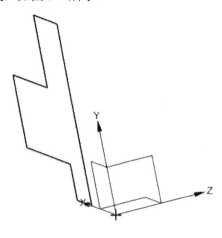

图 3-7　选择旋转曲线

3）在"轴"选项组中的"指定矢量"下拉列表框中选择"YC 轴" ᵞᶜ命令，以定义旋转轴矢量，指定点默认（选择指定矢量时，若选择对象为坐标轴，则指定点自动选择为坐标原点；若选择对象为其他位置，则需手动指定点）。

4）在"限制"选项组中设置开始角度值为"0"，结束角度值为"360"，而"布尔""偏置""设置"选项组中的选项接受默认值，旋转特征的相关设置如图 3-8 所示。

5）在"旋转"对话框中单击"确定"按钮，创建的旋转特征体如图 3-9 所示。

图 3-8　旋转特征的相关设置

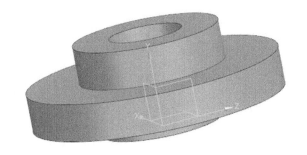

图 3-9　创建的旋转特征体

3.2.3　灯笼 3D 建模步骤

灯笼 3D 建模步骤如表 3-2 所示。

表 3-2 灯笼 3D 建模步骤

步骤		结果图示
1. 旋转灯笼体	① 绘制草图轮廓：使用草图命令，以 XC—ZC 平面创建草图，绘制曲线并标注尺寸（注意中心位置要在坐标轴原点上）	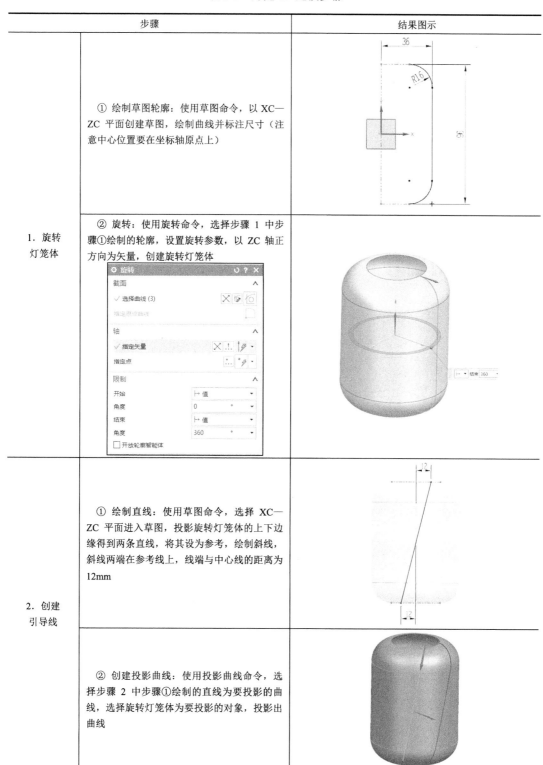
	② 旋转：使用旋转命令，选择步骤 1 中步骤①绘制的轮廓，设置旋转参数，以 ZC 轴正方向为矢量，创建旋转灯笼体	
2. 创建引导线	① 绘制直线：使用草图命令，选择 XC—ZC 平面进入草图，投影旋转灯笼体的上下边缘得到两条直线，将其设为参考，绘制斜线，斜线两端在参考线上，线端与中心线的距离为 12mm	
	② 创建投影曲线：使用投影曲线命令，选择步骤 2 中步骤①绘制的直线为要投影的曲线，选择旋转灯笼体为要投影的对象，投影出曲线	

步骤	结果图示
2. 创建引导线	③ 创建镜像曲线：使用镜像特征命令，选择步骤 2 中步骤②投影曲线，以 YZ 平面为镜像平面 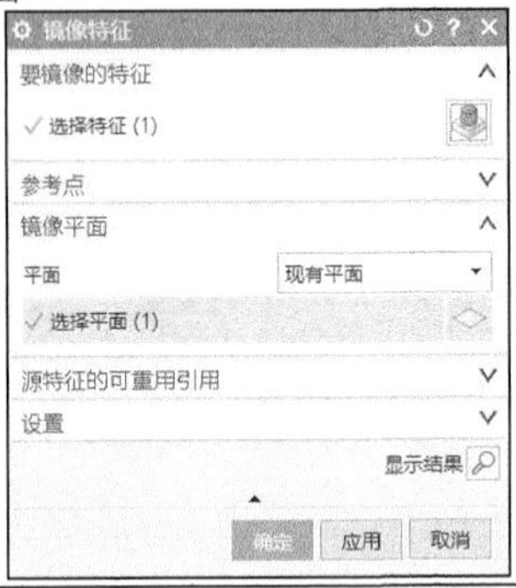
3. 创建截面	绘制截面：使用草图绘制命令，选择 XC—YC 平面进入草图；使用交点命令绘制引导线与 XC—YC 平面的交点。以交点为中心绘制椭圆，大半径与小半径分别设置为 1.8mm 和 0.8mm 
4. 绘制编织轮廓	① 扫掠：选择绘制的截面和引导线分别进行扫掠
	② 阵列特征：阵列扫掠特征，圆形布局，"数量"为 25，"跨角"为 360° 

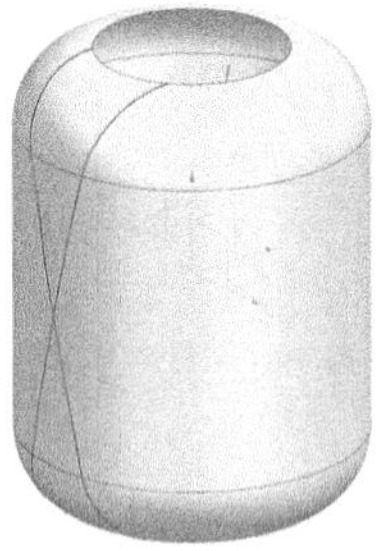

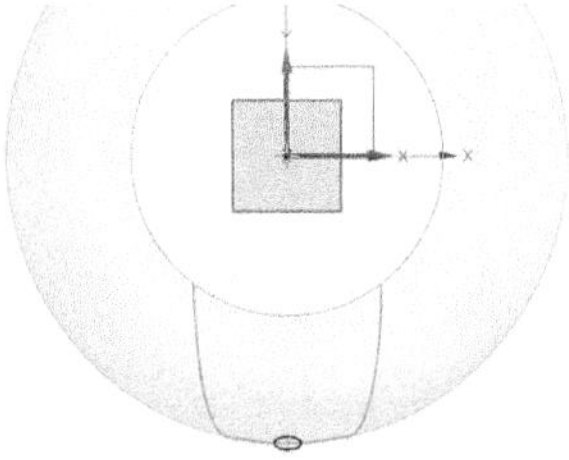

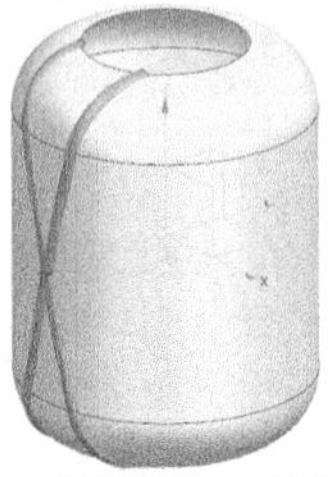

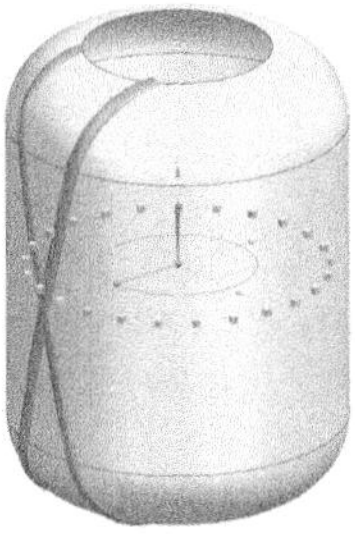

续表

步骤	结果图示
5. 绘制灯笼提手	
① 创建基准面：使用基准平面命令，以 XY 面为基准，偏置 48mm 	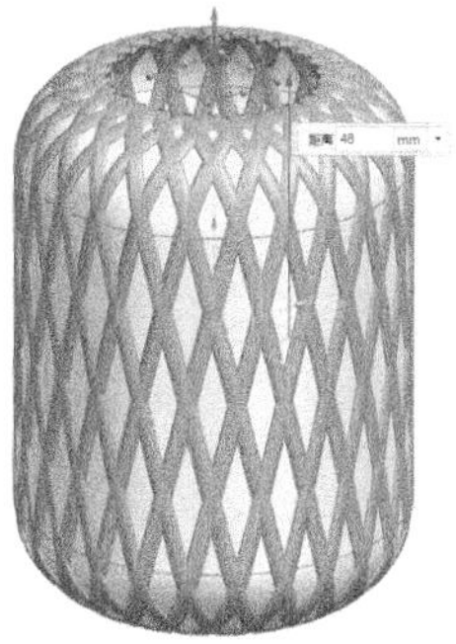
② 绘制引导线：使用草图命令，以新建基准面创建草图，以原点为圆心绘制一个 ϕ40mm 的圆	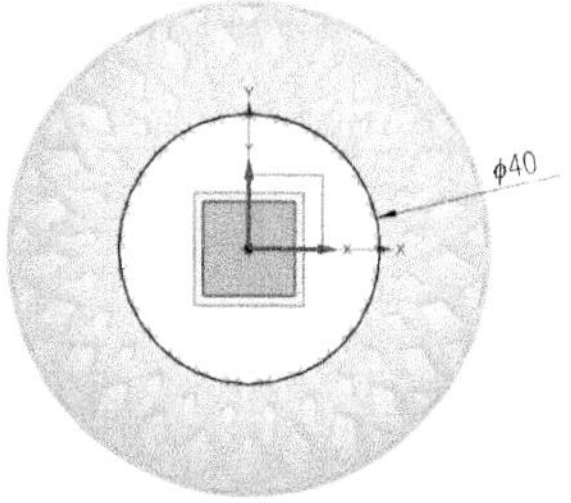
③ 绘制草图轮廓：使用草图命令，以 YC—ZC 平面创建草图，以引导线与 YC—ZC 平面的交点为圆心，绘制椭圆，大径、小径分别为 2.4mm、1mm；绘制矩形为 2mm×6.6mm	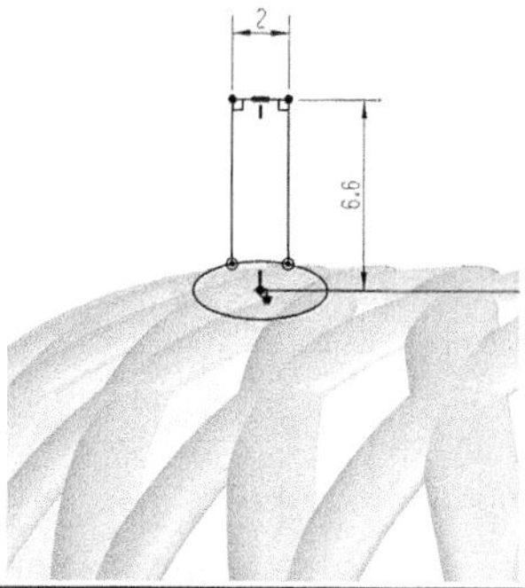
④ 扫掠：使用扫掠命令，以步骤 5 中步骤③绘制的轮廓沿步骤 5 中步骤②绘制的引导线扫掠	
⑤ 镜像：使用镜像特征命令，选择扫掠特征，以 XY 平面为镜像平面镜像	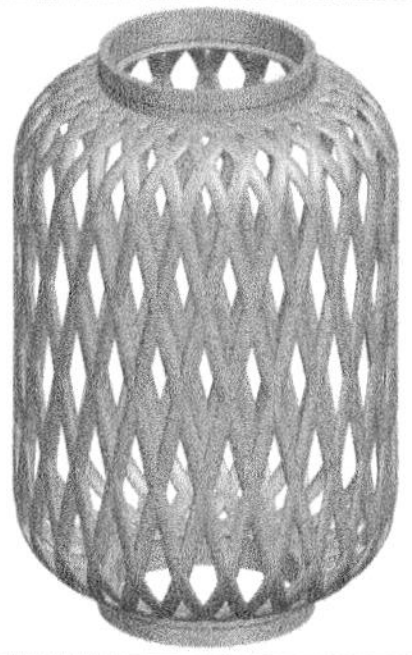

续表

步骤		结果图示
6. 导出 STL 格式文件	导出文件：导出 STL 格式文件	

任务 3.3 3D 打印

3.3.1 知识链接——3D 打印的数据格式

3D 打印技术在各个领域应用广泛，而 3D 打印的数据格式会直接影响加工过程和成品效果，接下来详细讲解目前常用的三维数据格式和 3D 打印机支持的数据格式。

目前存储三维数字模型的数据格式有 3DS、COLLADA、PLY、STU PTX、V3D、PTS、APTS、OFF、OBJ、XYZ、GTS、TRI、AMF、X3D、X3DV、VRML。适合作为 3D 打印的数据格式有 STL、OBJ、AMF。其中，STL 格式是目前 3D 打印系统使用的一种标准数据格式。

STL 格式是基于三维数据格式的 3D 打印标准数据格式，一个 STL 文件使用三角面来近似模拟物体的三维表面。三角面越小，其生成的表面分辨率越高。STL 格式文件简洁，格式简单，因此很快得到了广泛的应用。

OBJ 格式是一套基于工作站 3D 建模和动画开发的一种标准三维数字模型数据格式，适用于三维数字模型之间的数据交换。

AMF 格式是虚拟现实技术中的三维数据格式，采用点、线、面、柱体的形式表示三维实体的几何属性，并将材料属性添加到点、线、面或柱体上，采用汇编语言进行代码描述。该方法是将材料属性添加到设计阶段，文件占用的存储空间较大。文件不仅可以记录单一材料，还可以为不同的零件指定不同的材料，通过数字公式记录成型件的内部结构、标记扩展等。

随着 3D 打印技术的不断发展，在加工过程中产生越来越多三维数字模型文件的处理，不同的文件数据格式对加工过程和加工效果均有很大的影响。未来 3D 打印的数据格式将会有越来越高的兼容性，转换丢失率降低，文件更加稳定安全。

3.3.2 灯笼 3D 打印工作指导

灯笼 3D 打印工程指导如表 3-3 所示。

表 3-3　灯笼 3D 打印工作指导

步骤	过程	结果图示
1. 文件切片	① 在菜单栏中选择"文件"|"打开文件"命令，打开要打印的文件	文件(F) 编辑(E) 视图(V) 设置(S) 扩展(X) 偏好 新建项目(N)...　　　Ctrl+N 打开文件(O)...　　　Ctrl+O 打开最近使用过的文件(R)　▶ 保存项目(&S)...　　　Ctrl+S 导出(E)... 导出选择... 重新载入所有模型　　　F5 退出(Q)
	② 位置摆放：合理确定三维实体在打印平台的摆放位置	
	③ 打印参数设置：在"打印设置"对话框中设置支撑为"全部支撑""45.0°"，在"打印平台附着类型"下拉列表中选择"Raft"命令，其他参数采用默认值	支撑 生成支撑　　　　　✓ 支撑放置　　　　　全部支撑 支撑悬垂角度　　　　45.0 打印平台附着 打印平台附着类型　　Raft 双重挤出 〈 推荐
	④ 单击"保存到磁盘"按钮，可以把 G-code 格式的打印文件保存到 U 盘进行打印	切片 8 小时 6 分钟　　　ⓘ 32g·10.66m 预览　　保存到磁盘
2. 打印三维数字模型	3D 打印机打印三维数字模型，设置喷嘴温度为 200℃，热床温度为 60℃，选择文件，开始打印	
3. 后处理	① 去除支撑。用斜口钳去掉大的支撑；用刀笔去除小的支撑 ② 用砂纸进行表面打磨 ③ 打磨光滑后，喷漆上色	

　　将设置的打印参数记录在表 3-4 中，以便在打印完成后进行质量检查。在打印过程中出现问题时，可查看切片参数，再次打印时可调整相应参数，进行对比。每次打印完成后，基于最终三维实体进行整体打印参数的总结。

表 3-4　灯笼打印参数表

序号	打印参数名称	数值	备注
1	层厚		
2	壁厚		
3	顶／底层厚度		
4	填充密度		
5	挤出温度		
6	平台温度		
7	填充线间距		
8	支撑类型		
9	有无底座		

总结

实　训　评　价

实训评价表如表 3-5 所示。

表 3-5　实训评价表

评价项目	评价依据	学生自评得分	教师评价得分
草图设计模块（20 分）	设计思路清晰		
3D 建模模块（30 分）	熟练运用草图、旋转、布尔运算等命令		
3D 打印模块（25 分）	熟练进行切片，并打印三维数字模型		
成果展示模块（15 分）	展示效果		
团队精神（10 分）	团队意识和合作精神		
任务反思	哪些地方做得比较好？ 哪些地方需要改进？		
综合评价			

拓 展 训 练

随着 3D 打印技术的发展，3D 打印个性化的灯笼也被越来越多的人喜欢。新年将至，你能设计并打印一款中国风的灯笼吗？中国风灯笼参考设计如图 3-10 所示。

图 3-10　中国风灯笼参考设计

手机支架的设计与打印

随着手机的广泛应用，越来越多的人离不开手机。人们在使用手机看视频时，非常需要一个支撑结构，解放双手。你能够完成如图 4-1 所示的手机支架设计吗？本项目将搜集市场上常见的手机支架产品，分析手机支架的结构与功能，并利用 UG NX 1899 软件设计一个手机支架，再将其打印出来；本项目重点练习 UG NX 1899 软件草图命令、倒角命令，以及 3D 打印前处理、3D 打印机操作等内容。

图 4-1　手机支架设计

学习目标

知识目标

● 学会直线、矩形、圆和圆弧等草图命令的使用方法。
● 学会拉伸、布尔运算、倒角等命令的使用方法。
● 学会手绘图表达设计创意。
● 学会 FDM 3D 打印机原理。
● 学会 UG NX 1899、Cura 等软件的基本知识和常用命令的使用方法。
● 学会公差和配合的相关知识。

能力目标

● 能够将生活中常见的手机支架绘制成三维数字模型。
● 能够熟练应用草图、拉伸、布尔运算和装配等命令。
● 能够掌握手机支架设计的基本过程。
● 能够进行简单的组件装配。
● 具有在设计定位基础上，用手工绘图表达设计创意的能力。

任务 4.1 方 案 设 计

4.1.1 抗"疫"手机支架

江苏省无锡市梁溪区滨河小学的创客社团成员用 3D 打印机设计并制作出专用身份证信息采集支架，如图 4-2 所示。别看这小小的支架不起眼，它能给工作人员审核身份证信息提供不少便利。提出设计并制作手机支架构想的孩子名叫张宁，是学校创客社团社长。为了方便工作人员使用，老师和学生从设计图稿开始，一点点攻克难题，解决了如设计模型无法打印、打印耗时很长，以及因支架角度不对导致身份证信息采集不便等问题，最后打印出来的支架轻便、适合所有型号的手机，还可以拆卸，携带十分方便。学生们观察生活，从解决实际问题入手，提出解决方案并勇敢付诸行动，这种创造精神非常值得肯定。

图 4-2 身份证信息采集支架

4.1.2 手机支架设计参考

手机支架结构通常包括底座、支撑架、手机支撑面三部分。底座位于手机支撑架底部，起支撑作用，主要是通过对材料和形状的设计来保证支架的稳定性。支撑架连接底座和手机支撑面，主要起支撑作用，通过铰连接来实现角度的调整；在设计支撑架时，要考虑支撑架对整个结构强度的影响。手机支撑面与支撑架连接，主要用于托住手机的重量，手机支撑面的设计直接影响手机放置的安全性。手机支架设计不仅要考虑材料、结构、功能，还要考虑美观、实用、环保、质量及适用性等方面的因素。设计手机支架时尽量做到结构简单、方便，稳定性、强度要足够好。在设计的时候可以加入一些复古元素，让设计更有趣。手机支架设计示例如图 4-3 所示。

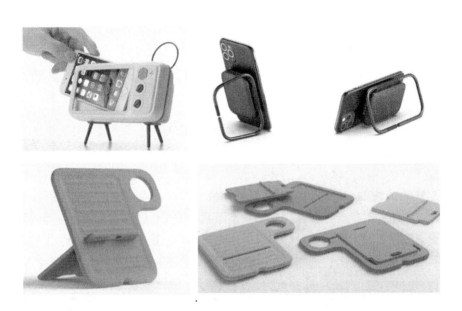

图 4-3　手机支架设计示例

4.1.3　草图设计

思考一下：手机支架的设计思路与呈现方式是什么？请记录在表 4-1 中。

表 4-1　手机支架的设计思路与呈现方式

设计思路（手机支架造型设计）	呈现方式（主要包括颜色、材料选择等）

任务 4.2　3D 建模

4.2.1　建模思路

手机支架 3D 建模思路如下。

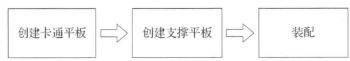

创建卡通平板 ⟹ 创建支撑平板 ⟹ 装配

4.2.2　知识链接——倒角命令

（1）倒圆角

为了方便零件安装，同时避免划伤人和防止应力集中，通常在零件设计过程中，对边或面进行倒圆角操作，该特征操作在工程设计中应用广泛。

单击"主页"标签进入"主页"选项卡，单击"基本"选项组中的"边倒圆"按钮，或选择"菜单"|"插入"|"细节特征"|"边倒圆"命令，弹出"边倒圆"或"面倒圆"对话框，如图 4-4 所示。选择边，输入半径后完成边倒圆；选择两个面，输入半径后完成面倒圆。

图 4-4　"边倒圆"与"面倒圆"对话框

（2）倒斜角

倒斜角是对已存在的实体沿指定的边进行倒角操作。当零件的边或棱角过于尖锐时，为避免对人造成擦伤，需要对零件进行必要的修剪，即执行倒斜角操作。

单击"主页"标签进入"主页"选项卡，单击"基本"选项组中的"倒斜角"按钮，或在菜单栏中选择"细节特征"|"倒斜角"命令，进入"倒斜角"对话框，如图 4-5 所示，选择边，输入距离后完成倒斜角操作。

图 4-5　"倒斜角"对话框

4.2.3　手机支架建模步骤

手机支架 3D 建模步骤如表 4-2 所示。

表 4-2　手机支架 3D 建模步骤

步骤		结果图示
1. 绘制卡通平板	① 绘制草图轮廓：使用草图命令，以 XC—YC 平面创建草图，使用直线、圆弧命令绘制草图并标注尺寸（也可自行设计图形）	
	② 拉伸：使用拉伸命令，选择绘制的草图，设置拉伸参数为 4mm，以 Z 轴正方向为矢量，拉伸出卡通平板	
	③ 边倒圆：使用边倒圆命令，倒 R1 mm 圆角，完成建模	
	④ 使用保存命令保存三维数字模型，命名为"卡通手机支架 1"	

续表

步骤		结果图示
2. 绘制支撑平板	① 绘制草图轮廓：使用草图命令，以 XC—YC 平面创建草图，使用直线工具绘制草图并标注尺寸（说明：注意为装配留间隙）	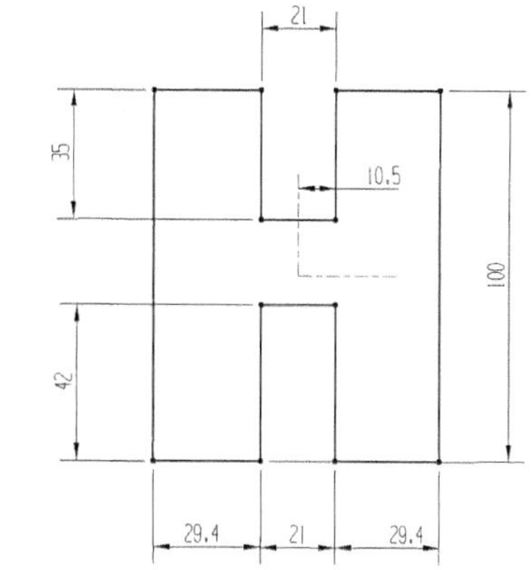
	② 拉伸：使用拉伸命令，选择步骤 2 中步骤①绘制的草图，设置拉伸参数为 5.9mm，以 Z 轴正方向为矢量，拉伸出支撑平板	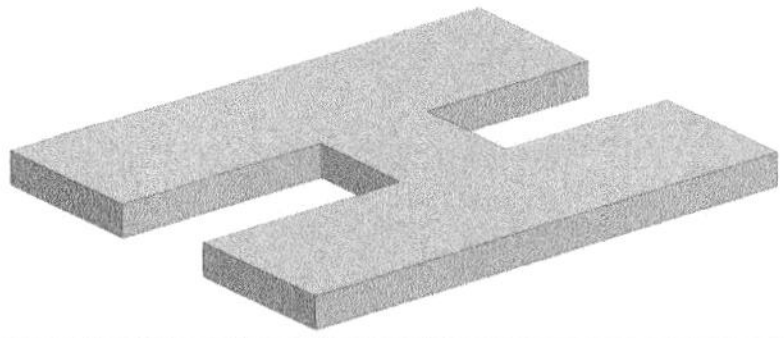
	③ 边倒圆：使用边倒圆命令，倒 $R1.5$ mm 圆角，完成建模，并将其保存为"支撑平板"文件	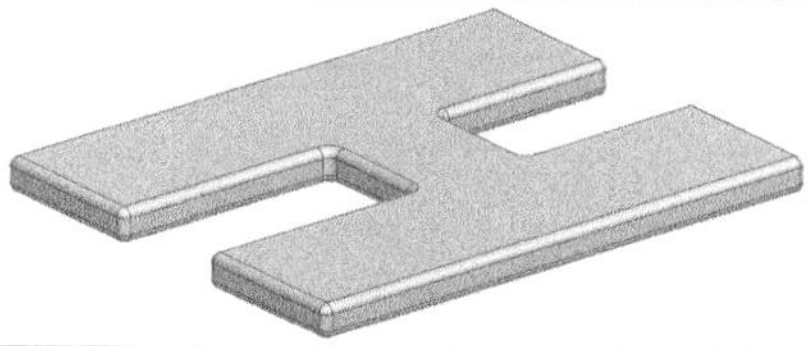
3. 装配	打开 UG NX 1899 软件，进入新建装配文件，导入"卡通手机支架 1"文件和"支撑平板"文件，将两者装配在一起，并进行装配干涉检查	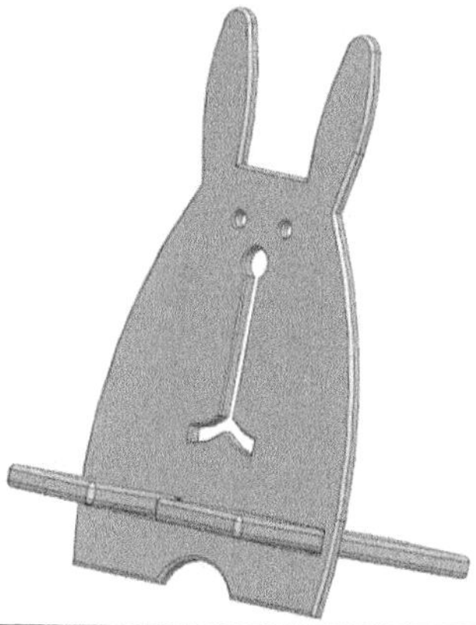
4. 导出 STL 格式文件	分别打开"卡通支架 1"和"支撑平板"两个文件，在菜单栏中选择"文件"|"导出"|STL 命令，选择文件，单击"确定"按钮，导出 STL 格式文件	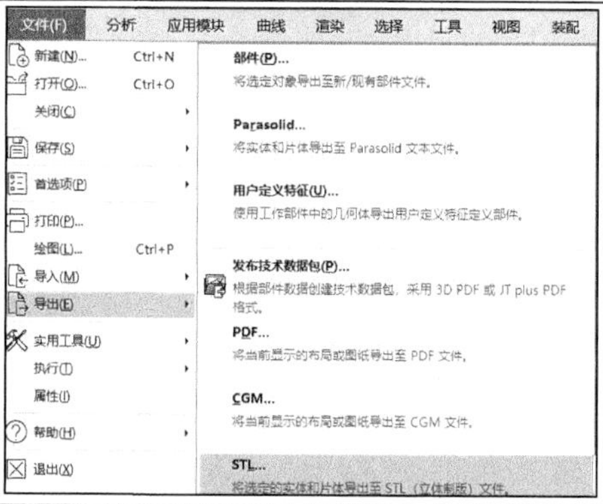

任务 4.3 ｜ 3D 打印

4.3.1 知识链接——FDM 3D 打印机原理

FDM 3D 打印机原理是指通过热塑性材料的挤出和沉积，将三维数字模型转化为三维实体的技术。该技术采用的是一种称为熔融沉积制造的工艺，这种工艺是将热塑性材料从喷嘴中挤出，然后沉积到成型平台上，通过重复的挤出和沉积，一层一层地堆叠，最终形成完整的三维实体。FDM 3D 打印机原理如图 4-6 所示。

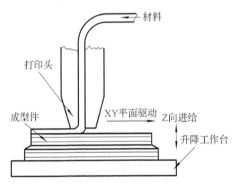

图 4-6　FDM 3D 打印机原理

FDM 3D 打印机由三个部分组成：喷嘴、成型平台和热化器。首先，FDM 3D 打印机会将三维数字模型转化为 G-code 格式文件，并将其发送到打印机控制器。然后控制器会根据 G-code 文件控制喷嘴的位置和移动，使热塑性材料从喷嘴中挤出，沉积到成型平台上。热化器则会使喷嘴和成型平台保持在适当的温度，以确保热塑性材料在挤出和沉积时不会过早冷却和固化。

在打印过程中，FDM 3D 打印机会重复进行挤出和沉积，以逐渐堆叠成型。每一层完成后，成型平台就会移动到下一层的位置，并开始下一次的挤出和沉积，直到整个三维实体打印完成。

FDM 3D 打印机的优点在于它可以使用应用广泛的热塑性材料进行打印，并且可以快速打印出具有复杂几何形状的三维实体。此外，FDM 3D 打印机的成本相对较低，易于使用和维护。

FDM 3D 打印机的缺点是：精度较低，难以成型结构复杂的零件；成型速度相对较慢，不适合成型大型零件。

4.3.2 手机支架 3D 打印与装配工作指导

手机支架 3D 打印与装配工作指导如表 4-3 所示。

表 4-3 手机支架 3D 打印与装配工作指导

步骤	结果图示
1. 文件切片 ① 在菜单栏中选择"文件"|"打开文件"命令,打开要打印的文件	文件(E)编辑(E)视图(V)设置(S)扩展(X)偏好 新建项目(N)... Ctrl+N 打开文件(Q)... Ctrl+O 打开最近使用过的文件(R) ▶ 保存项目(&S)... Ctrl+S 导出(E)... 导出选择... 重新载入所有模型 F5 退出(Q)
② 位置摆放:合理确定三维实体在打印平台的摆放位置	
③ 在"打印设置"对话框中设置打印参数,初学者可以使用默认参数	Fine - 0.1mm 20% 开 开 打印设置 配置文件 Fine - 0.1mm 搜索设置 质量 层高 0.1 mm 起始层高 0.3 mm 走线宽度 0.4 mm 墙 壁厚 0.8 mm 壁走线次数 2 水平扩展 0.0 mm 顶层/底层 顶层/底层厚度 0.8 mm 推荐
④ 选择"切片"|"保存到磁盘"命令,可以把 G-code 格式的打印文件保存到 U 盘进行打印	切片 🕐 6 小时 21 分钟 ⓘ 58g·19.29m 预览　保存到磁盘
2. 打印三维数字模型	3D 打印机打印三维数字模型,设置喷嘴温度为 200℃,热床温度为 60℃,选择文件,开始打印
3. 后处理	① 去除支撑。用斜口钳去掉大的支撑;用刀笔去除小的支撑 ② 用砂纸进行表面打磨 ③ 打磨光滑后,喷漆上色 ④ 装配

　　将设置的打印参数记录在表 4-4 中,以便于在打印完成后进行质量检查。在打印过程中出现问题时,可查看打印参数,再次打印时可调整相应参数,进行对比。每次打印完成后,基于最终三维实体进行整体打印参数的总结。

表 4-4 手机支架打印参数表

序号	打印参数名称	数值	备注
1	层厚		
2	壁厚		
3	顶 / 底层厚度		
4	填充密度		
5	挤出温度		
6	平台温度		
7	填充线间距		
8	支撑类型		
9	有无底座		

总结

实 训 评 价

实训评价表如表 4-5 所示。

表 4-5 实训评价表

评价项目	评价依据	学生自评得分	教师评价得分
草图设计模块（20 分）	设计思路清晰		
3D 建模模块（30 分）	熟练运用草图、拉伸、倒角等命令		
3D 打印模块（25 分）	了解 FDM 3D 打印机原理，能熟练打印三维数字模型		
成果展示模块（15 分）	展示效果		
团队精神（10 分）	团队意识和合作精神		
任务反思	哪些地方做得比较好？ 哪些地方需要改进？		
综合评价			

拓 展 训 练

单一的手机支架已经不能满足人们日常的需求，你可以设计并打印一款可以折叠并且能调节角度的手机支架吗？可折叠并能调节角度的手机支架参考示例如图4-7所示。

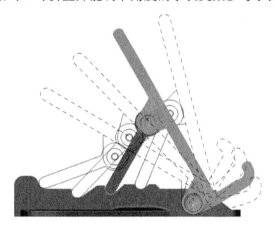

图 4-7　可折叠并能调节角度的手机支架参考示例

鲁班盒的设计与打印

榫卯结构诞生于中国，自古以来便是华夏建筑文化的精髓之一。鲁班盒是由我国古代杰出的建筑学家、工艺家鲁班发明的一种带有机关的榫卯结构的盒子。你能根据榫卯结构的原理，设计一款鲁班盒吗？鲁班盒如图 5-1 所示。本项目将搜集常见的榫卯结构产品，分析榫卯结构，并利用 UG NX 1899 软件设计一个鲁班盒，再将其打印出来；本项目重点练习 UG NX 1899 软件抽壳命令、拆分体命令，以及 3D 打印前处理、3D 打印机操作等内容。

图 5-1 鲁班盒

学习目标

知识目标

- 熟识鲁班盒榫卯结构。
- 学会直线、矩形等草图命令及抽壳、拆分体、装配等命令的使用方法。
- 学会成型件工艺性分析相关知识。
- 学会 3D 打印机打印成型件的具体步骤。
- 掌握公差和配合的基本知识。

能力目标

- 能够绘制鲁班盒三维数字模型。
- 能够熟练应用草图、拉伸、布尔运算和装配等命令。
- 能够掌握鲁班盒设计的基本过程。
- 具有在设计定位基础上，用手工绘图表达设计创意的能力。
- 具有将三维数字模型的不同格式文件进行互相转换的能力。
- 具有操作 3D 打印机配套软件对三维数字模型进行预处理的能力。

任务5.1　方案设计

5.1.1　中国榫卯结构

榫卯结构是中国古代建筑、家具及木制器械中不可或缺的结构方式。它独特地采用凹凸结合的方式连接两个木制构件。榫，即凸出部分，又称榫头；卯，则为凹进部分，又称榫眼或榫槽。两者紧密咬合，实现了稳固的连接功能。榫卯结构通过木制构件间巧妙的多寡、高低、长短组合，有效限制了构件的扭动，确保了结构的稳定性和耐久性。榫卯结构的应用如图 5-2 所示。

图 5-2　榫卯结构在建筑、家具中的应用

当榫卯结构应用于房屋建筑时，虽然每个木制构件都比较单薄，但是它整体上却能承受巨大的力。这种结构不在于个体的强大，而是依靠个体之间的互相结合、互相支撑，构成一个坚实的整体，因而成为中国古代建筑和中式家具的基本结构形式。

榫卯结构是中国古代工匠几千年来创造、实践的成果，是辛劳和智慧的结晶。通过对榫卯结构的学习和理解，我们可以更好地了解中国传统建筑的智慧和审美。

5.1.2　鲁班盒设计参考

鲁班盒的设计可分为两部分，即外部形态设计和内部结构设计。外部形态设计要注意美观性；内部结构设计要注意把握规律、穿插整密、可拆可装，构建各部件的榫卯咬合连接方式，其中重点在于榫卯连接的整密关系（不重叠、不空缺）与拆解、安装的可行性。在设计鲁班盒时可以借鉴中式传统鲁班机关盒，把文化元素更好地融入其中。鲁班盒设计如图 5-3 所示。

图 5-3　鲁班盒设计

5.1.3　草图设计

思考一下：鲁班盒的设计思路与呈现方式是什么？请记录在表 5-1 中。

表 5-1　鲁班盒的设计思路与呈现方式

设计思路（鲁班盒造型设计）	呈现方式（主要包括颜色、材料选择等）

任务 5.2　3D 建模

5.2.1　建模思路

鲁班盒 3D 建模思路如下。

按照图纸绘制鲁班盒上盖的三维数字模型 ⟹ 按照图纸绘制鲁班盒下盖的三维数字模型 ⟹ 将鲁班盒上、下盖部分进行三维装配，并进行干涉检查

5.2.2　知识链接——抽壳命令与拆分体命令

1. 抽壳命令

使用抽壳命令可挖空实体，或通过指定壁厚绕实体创建壳。此外，该命令也可以对任意面指定厚度或移除某一个面。使用抽壳命令前和使用抽壳命令后实体对比如图 5-4 所示。

1）单击"主页"标签，进入"主页"选项卡，单击"基本"选项组中的"抽壳"按钮，或在菜单栏中选择"插入"｜"偏置/缩放"｜"抽壳"命令，弹出"抽壳"对话框，如图 5-5 所示。在"抽壳"对话框中，为要创建的抽壳选择类型命令：①"打开"命令为移除面，然后抽壳；②"封闭"命令为抽壳所有面。

2）在"厚度"选项组中的"厚度"文本框中输入距离值，也可拖动厚度手柄，然后在"厚度"文本框中输入厚度值。如果需要反转厚度方向，单击"厚度"选项组中的反向按钮。可以使用"备选厚度"选项组中的选项为实体中的不同面指定不同的抽壳厚度。指定不同厚度抽壳如图 5-6 所示。

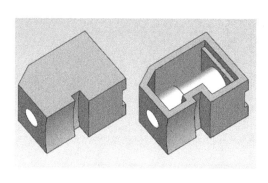

图 5-4 使用抽壳命令前后实体对比

图 5-5 "抽壳"对话框

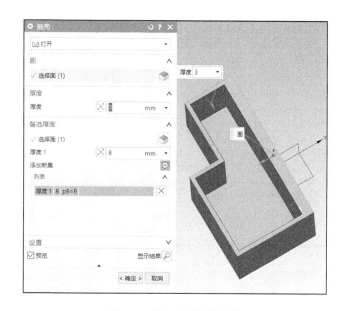

图 5-6 指定不同厚度抽壳

3）单击"确定"按钮完成抽壳。

2. 拆分体命令

使用拆分体命令可将实体或片体拆分为由一个面、一组面或基准平面组成的多个体；还可以使用此命令创建一个草图，并通过拉伸或旋转草图来创建拆分工具。拆分体命令可创建关联的拆分体特征，该特征会显示在零件三维数字模型的历史记录中，可以随时更新、编辑或删除该特征。

5.2.3 鲁班盒的图纸与 3D 建模步骤

鲁班盒的图纸如图 5-7 所示。

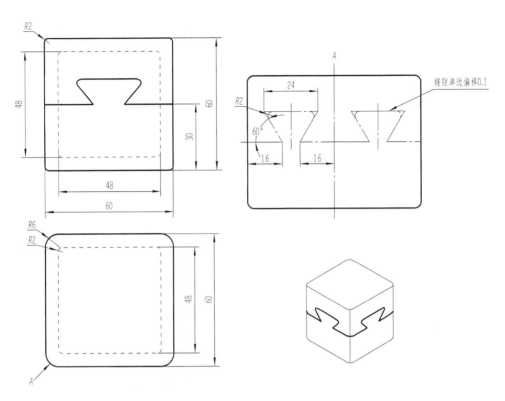

图 5-7　鲁班盒的图纸（单位：mm）

鲁班盒 3D 建模步骤如表 5-2 所示。

表 5-2　鲁班盒 3D 建模步骤

步骤		结果图示
1．创建长方体	① 绘制草图轮廓：使用草图命令，以 XC—YC 平面创建草图，绘制矩形并标注尺寸	
	② 拉伸：使用拉伸命令，选择绘制的矩形，设置拉伸参数，以 Z 轴正方向为矢量，设置拉伸距离为 60mm，创建拉伸体	

步骤	结果图示
2. 创建拉伸面	① 创建基准平面：使用基准平面命令，选择"两直线"模式，分别选择对称直线，创建基准平面 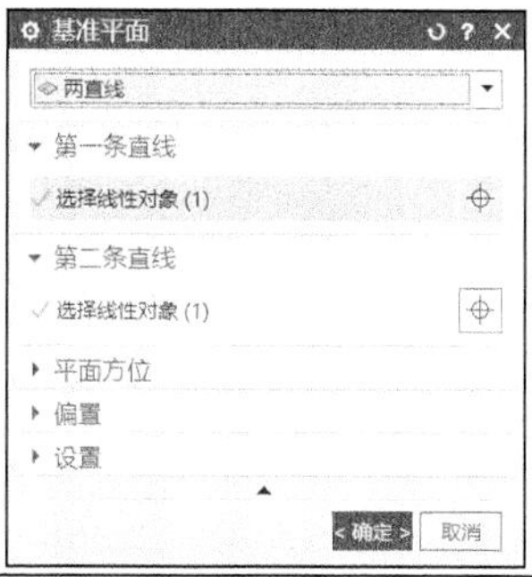 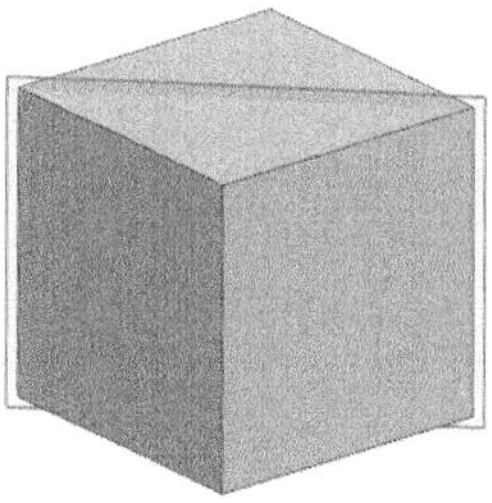
	② 绘制草图轮廓：使用草图命令，以新创建的平面绘制草图，以对称边下端点为中心，绘制曲线并标注尺寸 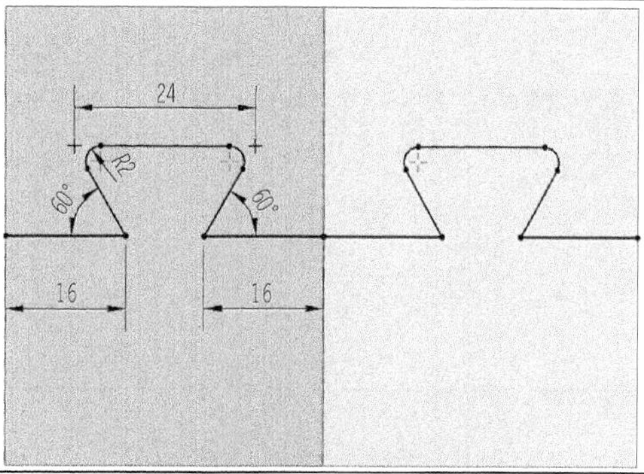
	③ 拉伸：使用拉伸命令，选择绘制的曲线，设置宽度为"对称值"，距离为50mm，创建拉伸面 
3. 创建倒圆	创建倒圆：使用边倒圆命令，对实体外轮廓分别倒圆 R6mm、R2mm 

步骤	结果图示
4. 创建拆分体	创建拆分体：使用拆分体命令，选择步骤 2 中步骤③创建的拉伸面将正方体拆分为上、下两部分	
5. 创建偏置面	创建偏置面：使用偏置面命令，分别选取拆分体的两个部分，分别向内部偏置 0.1mm	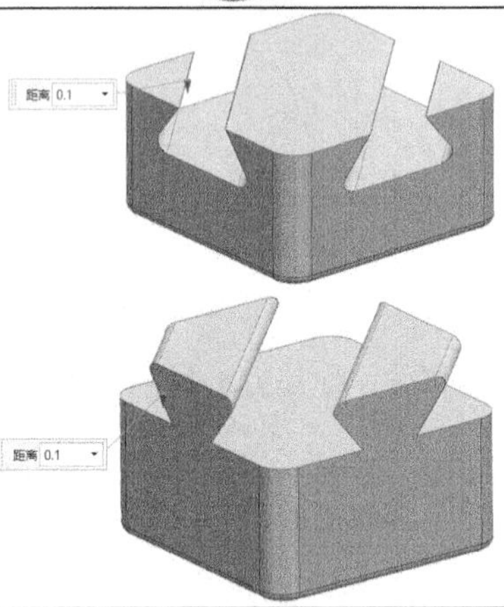
6. 创建拉伸型腔	① 绘制草图轮廓：使用草图命令，以 YC—ZC 平面创建草图，绘制矩形，矩形与四个边的距离为 6mm	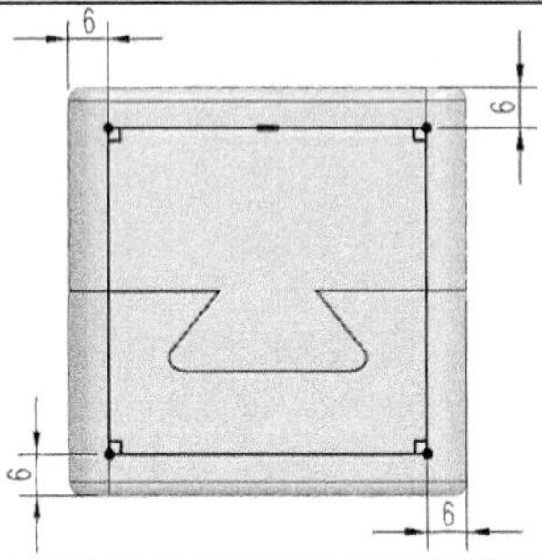
	② 拉伸：使用拉伸命令，选择绘制的矩形，宽度设置为"对称值"，距离为 24mm，以 X 轴正方向为矢量，创建拉伸体 	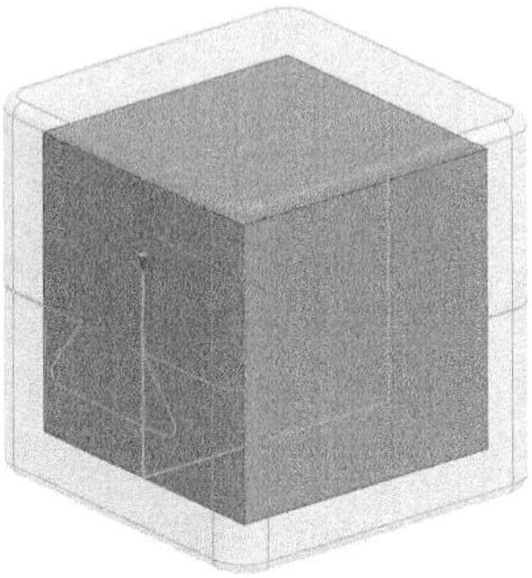

续表

步骤		结果图示
6. 创建拉伸型腔	③ 创建盖子内腔：使用减去命令，选择"上盖"为目标，选择步骤 6 中步骤②的拉伸体作为工具，选中"保存工具"复选框 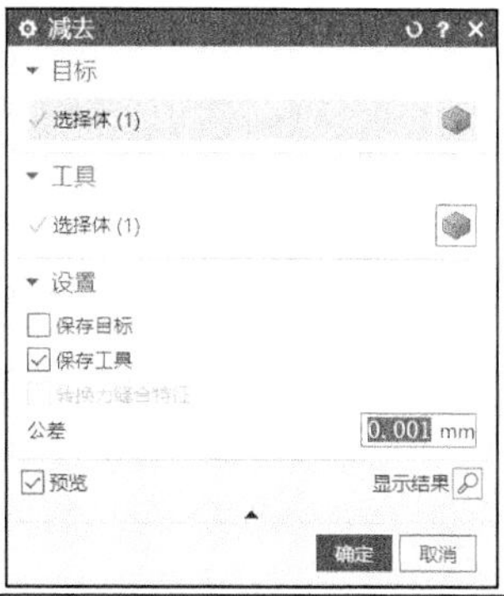	
	④ 创建底部内腔：使用减去命令，选择"底部"为目标，选择步骤 6 中步骤②的拉伸体作为工具，取消选中"保存工具"复选框 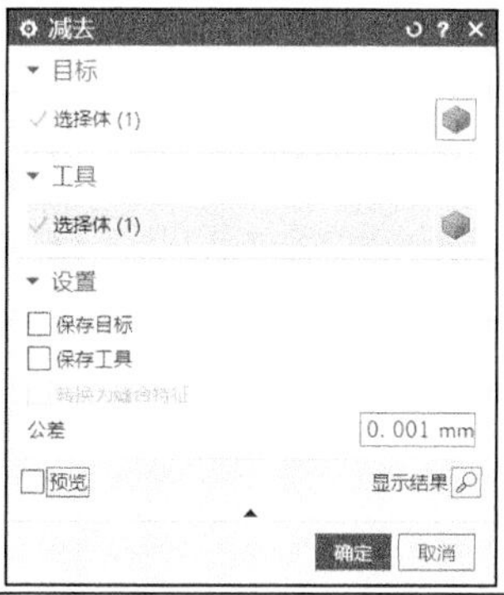	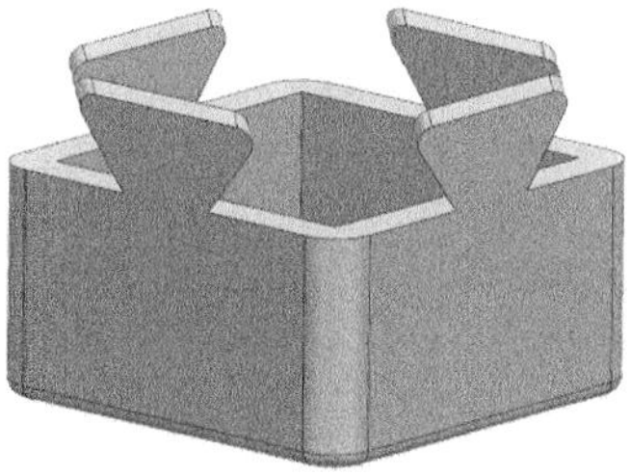
7. 创建内腔倒圆	创建倒圆：使用边倒圆命令，对盒子内腔倒圆 R2mm	

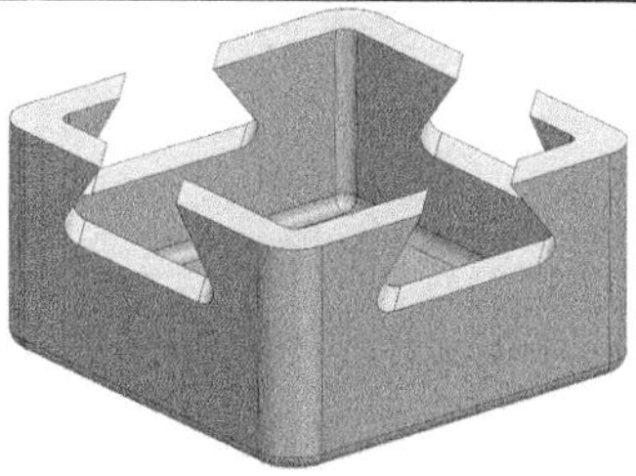

续表

步骤	结果图示
8. 导出 STL 格式文件	在菜单栏中选择"文件"|"导出"|STL 命令，选择文件，单击"确定"按钮，导出 STL 格式文件	

任务 5.3　3D 打印

5.3.1　知识链接——3D 打印步骤

1. 3D 建模

3D 建模是 3D 打印步骤中最关键的一步，即利用 CAD 或 CG 这些核心 3D 建模技术，将三维实体转化为三维数字模型的过程。另外，网络上有许多可供直接下载的三维数字模型分享平台，甚至能够直接购买到三维数字模型或 STL 格式文件。

2. 三维数字模型切片

利用计算机构建好三维数字模型后需要系统分层，利用一层层截面，将该模型分割成切片，随后再导入 3D 打印机中逐层打印。

3. 切片文件数据导入

三维数字模型切片完成后，只需要用 U 盘或数据线将切片文件数据导入 3D 打印机中，再进行打印设置；设置结束后，运行 3D 打印机就可以直接将它们打印出来。在神奇的分层制造下，一个精美的三维实体便会被打印出来。在材料选用合适的情况下，该三维实体甚至能够直接应用于实际生活或生产制造中。

4. 表面打磨

打印结束并不意味着整个加工过程的结束。一些大众 3D 打印机的分辨率并不是很高，因此，成型件表面质量不是很好。那么如何获得高精度的成型件呢？首先，利用 3D 打印机打印出体型较大的成型件，然后，再打磨其表面，这样就可以获得更高精度的成型件。

5.3.2　鲁班盒 3D 打印与装配工作指导

鲁班盒 3D 打印与装配工作指导如表 5-3 所示。

表 5-3　鲁班盒 3D 打印与装配工作指导

步骤		结果图示
1. 文件切片	① 在菜单栏中选择"文件"|"打开文件"命令，选择要打印的 STL 格式文件，将其导入切片软件	
	② 位置摆放：避免将三维实体细节部分朝下，尽量采用三维实体自身结构作支撑	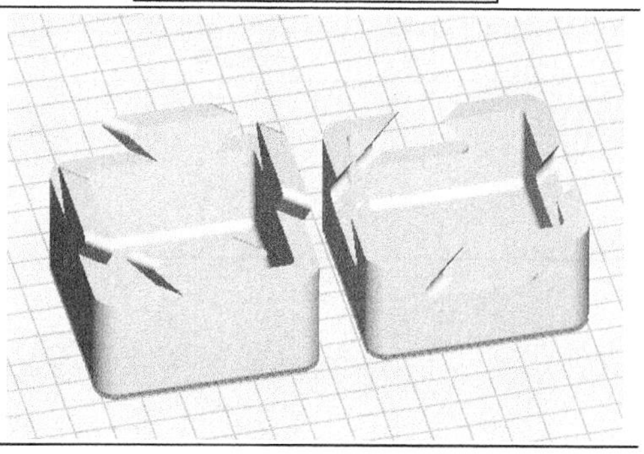
	③ 打印参数设置：在"打印设置"对话框中的"配置文件"下拉列表框中选择"Standard Quality-0.2mm"命令；"层高"设置为 0.2mm；"支撑"设置为无支撑；在"打印平台附着类型"下拉列表框中选择"Skirt"命令，其他参数采用默认值	
	④ 预览并保存切片文件：单击"切片"按钮，完成切片工作；单击"预览"按钮，预览打印结果；单击"保存到磁盘"按钮，把 G-code 格式文件保存到 U 盘	
2. 打印三维数字模型	3D 打印机打印三维数字模型，设置喷嘴温度为 205℃，热床温度为 50℃，选择文件，开始打印	
3. 后处理	① 去除支撑。用斜口钳去掉大的支撑；用刀笔去除小的支撑 ② 用砂纸进行表面打磨 ③ 打磨光滑后，喷漆上色	

将设置的打印参数记录在表 5-4 中，以便于在打印完成后进行质量检查。在打印过程中出现问题时，可查看打印参数，再次打印时可调整相应参数，进行对比。每次打印完成后，基于最终三维实体进行整体打印参数的总结。

表 5-4　鲁班盒打印参数表

序号	打印参数名称	数值	备注
1	层厚		
2	壁厚		
3	顶 / 底层厚度		
4	填充密度		
5	挤出温度		
6	平台温度		
7	填充线间距		
8	支撑类型		
9	有无底座		

总结

实 训 评 价

实训评价表如表 5-5 所示。

表 5-5　实训评价表

评价项目	评价依据	学生自评得分	教师评价得分
草图设计模块（20 分）	设计思路清晰		
3D 建模模块（30 分）	熟练运用草图、抽壳、拆分体等命令		
3D 打印模块（25 分）	能熟练进行切片，并打印、装配三维数字模型		
成果展示模块（15 分）	展示效果		
团队精神（10 分）	团队意识和合作精神		
任务反思	哪些地方做得比较好？		
	哪些地方需要改进？		
综合评价			

拓 展 训 练

请设计并打印一款零钱收纳盒，零钱收纳盒参考示例如图 5-8 所示。

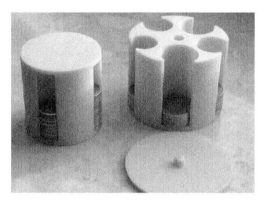

图 5-8　零钱收纳盒参考示例

項目 6

蓝牙音箱外壳的设计与打印

为丰富校园文化，电子社团将举办蓝牙音箱的 DIY 制作活动，现在需要一款 3D 打印的蓝牙音箱外壳，你能帮他们设计吗？蓝牙音箱外壳如图 6-1 所示。本项目将搜集常见的蓝牙音箱产品，分析蓝牙音箱的结构与功能，并利用 UG NX 1899 软件设计一款蓝牙音箱外壳，再将其打印出来；本项目重点练习 UG NX 1899 软件旋转命令、抽壳命令、阵列特征命令，以及 3D 打印前处理、3D 打印机调平等内容。

图 6-1 蓝牙音箱外壳

学习目标

知识目标

● 学会直线、圆弧等草图命令的使用方法。
● 学会拉伸、旋转和阵列特征等命令的使用方法。
● 学会三维数字化设计与制造的相关知识。
● 学会三维数字模型的设计技巧。

能力目标

● 能够将生活中常见的壳体绘制为三维数字模型。
● 能够熟练应用草图、旋转、阵列特征、装配等命令。
● 能够掌握蓝牙音箱外壳设计的基本过程。
● 具有利用 UG NX 1899 软件对有配合精度要求的组合模型进行造型的能力。
● 具有将不同格式的三维数字模型进行互相转换的能力。
● 具有操作 3D 打印机配套软件对三维数字模型进行预处理的能力。

任务 6.1 | 方 案 设 计

6.1.1 文创非遗新宠——复兴号音箱

当下文创产品层出不穷，一款以"复兴号"高铁为原型制作的音箱，凭借其独特的创意和高度严格的工艺水准，成功吸引了市场的广泛关注。这款音箱不仅是对中国传统工艺的继承和发扬，更是中国制造走向世界的又一张亮丽名片。

这款音箱不仅仅是一件工业品，更是一件反映中国制造实力的艺术品。它见证了中国铁路从"龙号"机车到"复兴号"高速列车的辉煌历程，也体现了中国制造的强大实力和工匠精神的传承。它的出现，不仅丰富了文创产品的种类，更为人们带来了一种全新的文化体验。

在全球化的大背景下，中国制造正以其独特的魅力和实力走向世界。这款以复兴号为原型制作的音箱，正是中国制造走向世界的一个缩影。它以其精湛的工艺、高品质的音质和独特的文化内涵，展现了中国制造的精湛技艺和深厚文化底蕴，也向世界展示了中国制造的独特魅力和无限可能。

这款音箱还承载着深厚的家国情怀和民族精神。它不仅仅是一件文创产品，更是一种文化符号、一种情感寄托、一种精神象征。它让人们感受到了中国制造跨越大江大河、穿越崇山峻岭的力量和勇气，也让人们更加热爱和珍视自己的民族文化。

中国制造正以前所未有的速度和力度迈向世界舞台的中央。这款以复兴号为原型制作的音箱，作为中国制造和文化创意相结合的杰出代表，将以其独特的魅力和实力，成为中国制造走向世界的一张亮丽名片。

6.1.2 蓝牙音箱外壳设计参考

蓝牙音箱的外壳非常重要，要求做到设计风格独特，产品外观新颖、色彩靓丽、形态圆润，能使人得到美的享受。只有通过合理的造型手段，使其富有时代精神、符合使用性能、与周围环境协调的外观形态，才能满足人们的审美需求。蓝牙音箱外壳在设计时需要注意的地方很多，如轻薄的壳身、防水性能等。此外，还要注意对音质的配合，如喇叭的尺寸参数、内部的吸音设计，只有这样才能够达到更好的音质效果。蓝牙音箱外壳设计示例如图 6-2 所示。

图 6-2　蓝牙音箱外壳设计示例

6.1.3　草图设计

思考一下：蓝牙音箱外壳的设计思路与呈现方式是什么？请记录在表 6-1 中。

表 6-1　蓝牙音箱外壳的设计思路与呈现方式

设计思路（蓝牙音箱外壳造型设计）	呈现方式（主要包括颜色、材料选择等）

任务 6.2　3D 建模

6.2.1　建模思路

蓝牙音箱外壳 3D 建模思路如下。

6.2.2　知识链接——阵列特征命令

UG NX 1899 软件可以使用阵列特征命令来按几何阵列形式传播几何特征。单击"主页"标签进入"主页"选项卡，单击"基本"选项组中的"阵列特征"按钮，弹出"阵列特征"对话框，在其中可以定义阵列边界、参考点、间距、方位和旋转。"阵列特征"对话框如图 6-3 所示。

1）可以使用多种阵列布局来创建几何体的阵列，多种阵列布局如图 6-4 所示。

图 6-3　"阵列特征"对话框　　　　　　　　　　图 6-4　多种阵列布局

2）可以使用几何体的阵列来填充指定边界，几何体的阵列填充指定边界如图 6-5 所示。

3）线性布局是指指定在一个或两个方向对称的阵列或指定多个列或行交错排列。线性布局如图 6-6 所示。

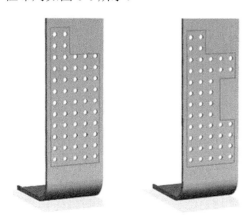

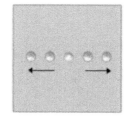

图 6-5　几何体的阵列填充指定边界　　　　　　图 6-6　线性布局

4）圆形或多边形布局是指指定辐射状阵列。圆形或多边形布局如图 6-7 所示。

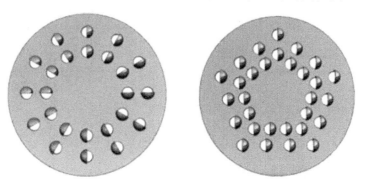

图 6-7　圆形或多边形布局

5）通过使用表达式指定阵列参数，可以定义阵列增量。

6）可以将阵列参数值导出至电子表格，并按位置进行编辑，编辑结果将传回至阵列定义。

7）可以选择各个实例点，以进行删除实例或将实例旋转到不同位置的操作。

8）可以控制阵列的方向。

6.2.3　蓝牙音箱外壳的图纸与 3D 建模步骤

蓝牙音箱外壳上盖图纸如图 6-8 所示，蓝牙音箱外壳下盖图纸如图 6-9 所示。

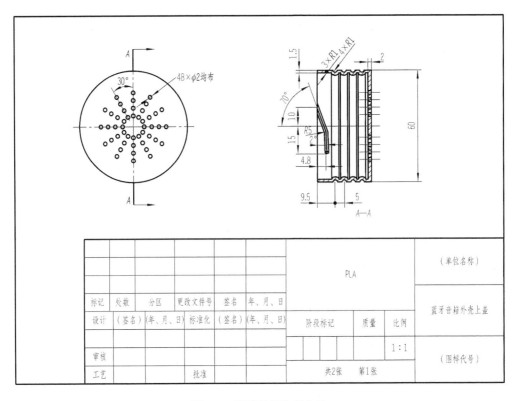

图 6-8　蓝牙音箱外壳上盖

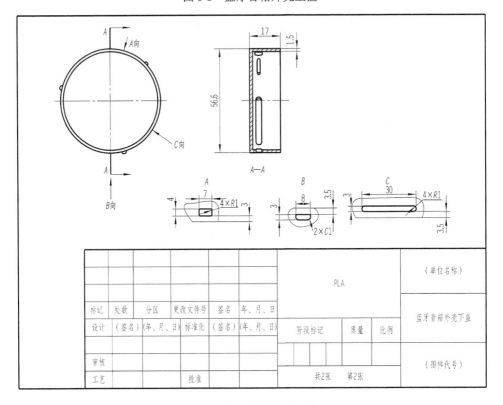

图 6-9　蓝牙音箱外壳下盖

蓝牙音箱外壳 3D 建模步骤如表 6-2 所示。

表 6-2 蓝牙音箱外壳 3D 建模步骤

步骤	结果图示
1. 创建音箱外壳上盖	

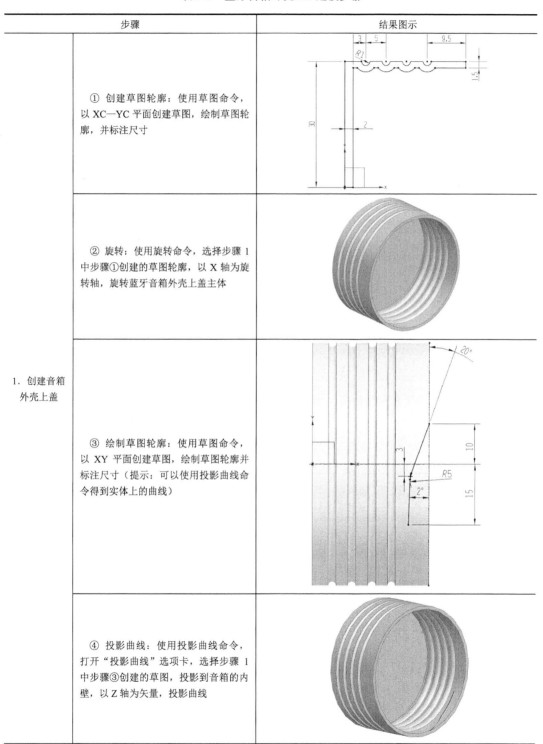

① 创建草图轮廓：使用草图命令，以 XC—YC 平面创建草图，绘制草图轮廓，并标注尺寸

② 旋转：使用旋转命令，选择步骤 1 中步骤①创建的草图轮廓，以 X 轴为旋转轴，旋转蓝牙音箱外壳上盖主体

③ 绘制草图轮廓：使用草图命令，以 XY 平面创建草图，绘制草图轮廓并标注尺寸（提示：可以使用投影曲线命令得到实体上的曲线）

④ 投影曲线：使用投影曲线命令，打开"投影曲线"选项卡，选择步骤 1 中步骤③创建的草图，投影到音箱的内壁，以 Z 轴为矢量，投影曲线

步骤	结果图示
⑤ 管：使用管命令，选择步骤 1 中步骤④的投影曲线，设置"外径"为 2mm，"内径"为 0mm，单击"确定"按钮	
⑥ 偏置：使用偏置命令，选取管道截面向外偏置 5mm，单击"确定"按钮	
⑦ 边倒圆：使用边倒圆命令，选择管道边线，设置半径为 1mm，单击"确定"按钮	
⑧ 布尔求差运算：使用减去命令，选择蓝牙音箱外壳上盖为"目标"，管道为"工具"，求差切出凹槽	
⑨ 阵列特征：使用阵列特征命令，选择管道特征，以 X 轴为矢量，设置阵列特征参数，数量为 3，跨角为 360°，参考步骤 1 中步骤⑥、⑦、⑧，完成另外两个凹槽的创建	

1. 创建音箱外壳上盖

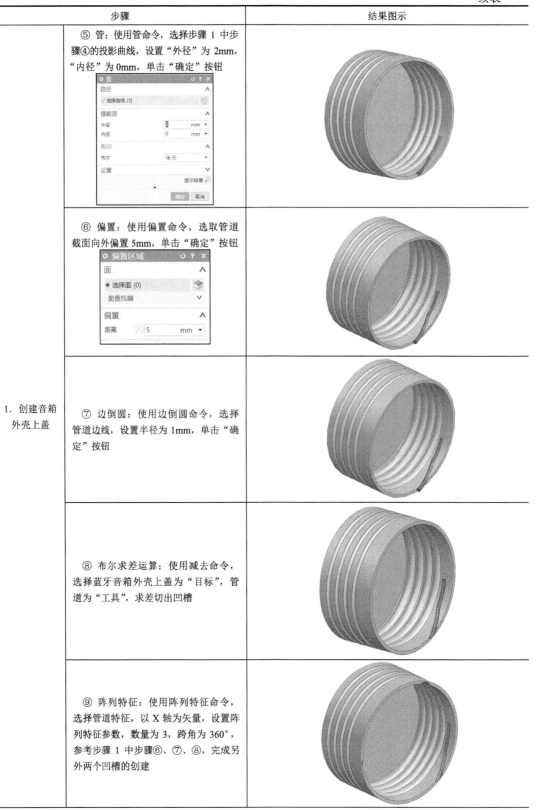

续表

步骤	结果图示
⑩ 绘制草图轮廓：使用草图命令，绘制孔的草图轮廓	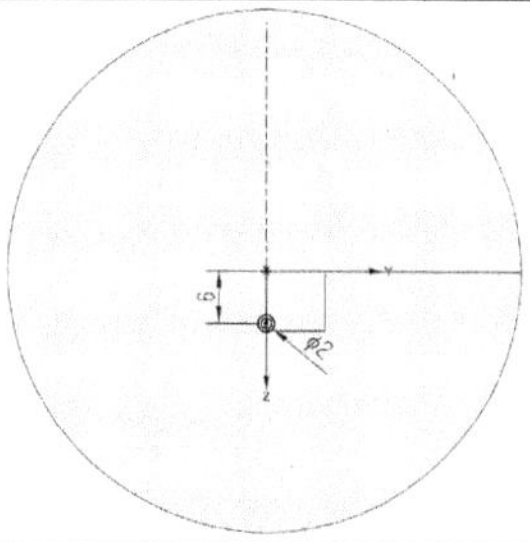
⑪ 创建孔：使用拉伸命令，拉伸距离大于壁厚即可，创建孔	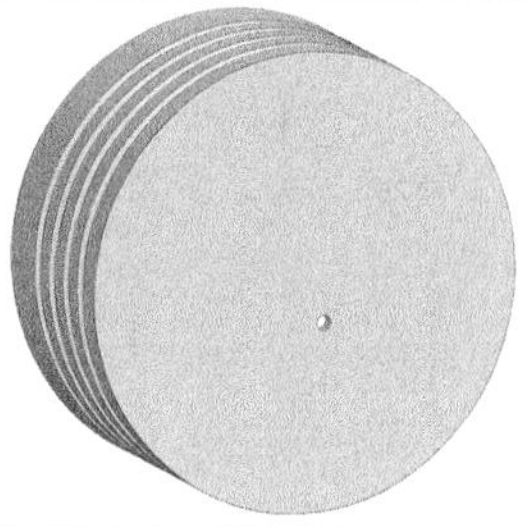

	步骤	结果图示
1. 创建音箱外壳上盖	⑫ 阵列孔：使用阵列特征命令，选择拉伸孔特征，选择 X 轴为旋转轴，数量为 12，跨度为 360°，选择辐射状阵列，完成蓝牙音箱外壳上盖的 3D 建模 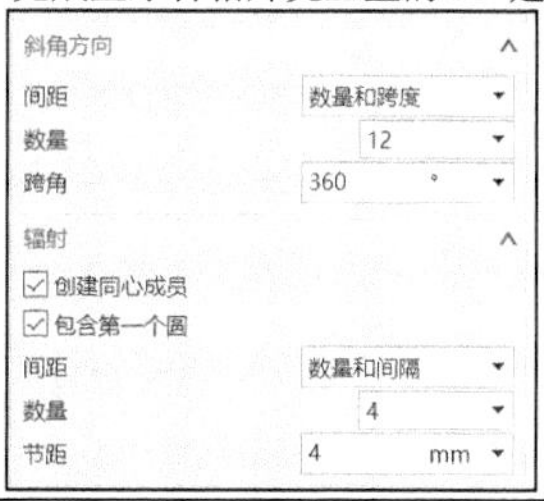	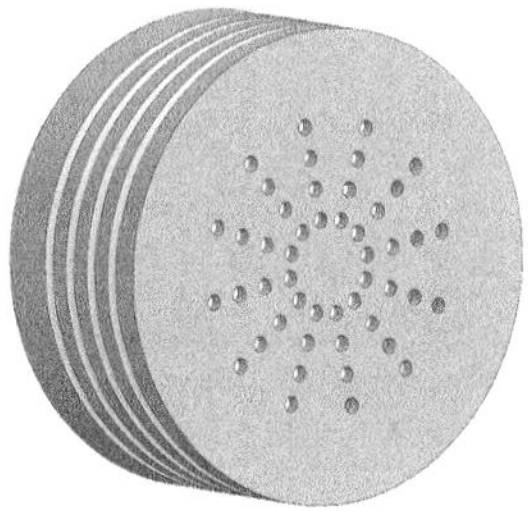
	⑬ 导出 STL 格式文件：使用导出命令，导出 STL 格式文件	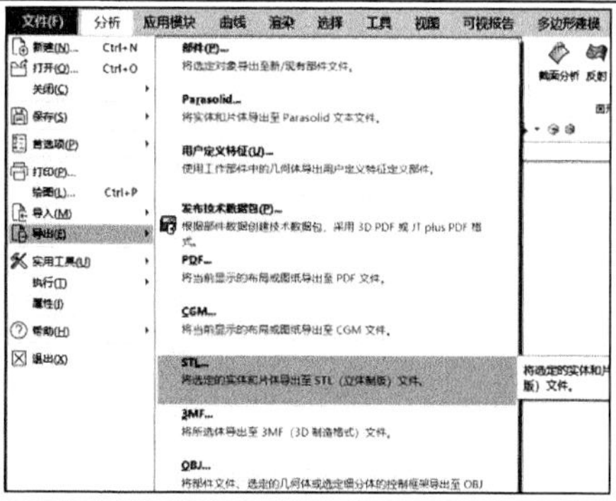
2. 创建蓝牙音箱外壳下盖	① 绘制草图轮廓：使用草图命令，以 XC—YC 平面创建草图，绘制直径为 56.6mm 的圆	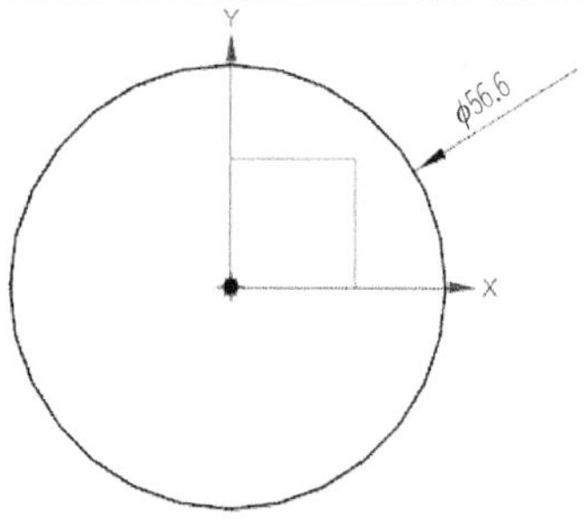

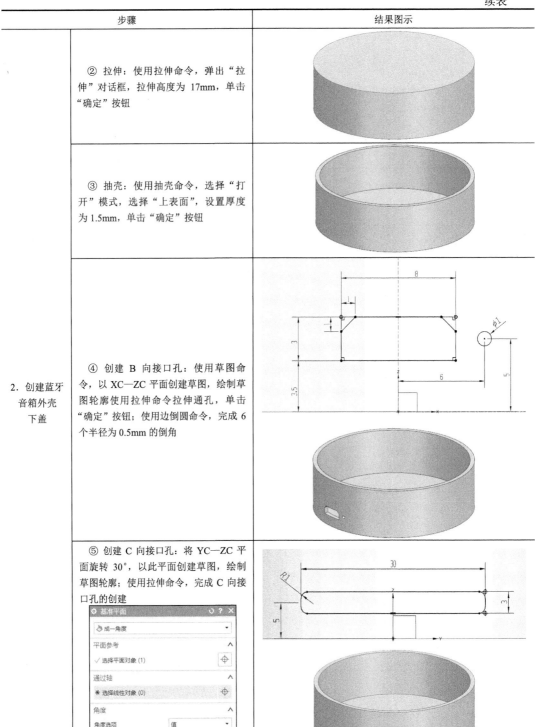

步骤	结果图示
② 拉伸：使用拉伸命令，弹出"拉伸"对话框，拉伸高度为 17mm，单击"确定"按钮	
③ 抽壳：使用抽壳命令，选择"打开"模式，选择"上表面"，设置厚度为 1.5mm，单击"确定"按钮	
2. 创建蓝牙音箱外壳下盖 ④ 创建 B 向接口孔：使用草图命令，以 XC—ZC 平面创建草图，绘制草图轮廓使用拉伸命令拉伸通孔，单击"确定"按钮；使用边倒圆命令，完成 6 个半径为 0.5mm 的倒角	
⑤ 创建 C 向接口孔：将 YC—ZC 平面旋转 30°，以此平面创建草图，绘制草图轮廓；使用拉伸命令，完成 C 向接口孔的创建	

续表

步骤	结果图示
⑥ 创建 D 向接口孔：将 YC—ZC 平面旋转-45°，以此平面创建草图，绘制草图轮廓；使用拉伸命令，完成 D 向接口孔的创建	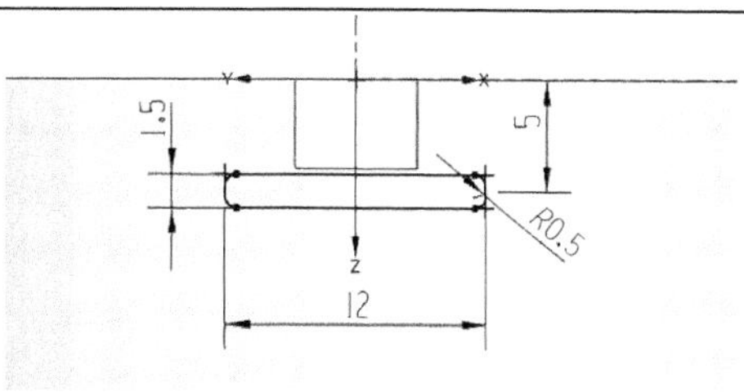 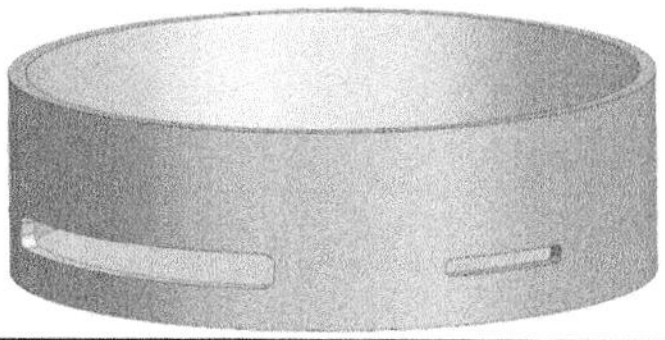
⑦ 创建 E 向接口孔：将 YC—ZC 平面旋转-75°，以此平面创建草图，绘制草图轮廓；使用拉伸命令，完成 E 向接口孔的创建	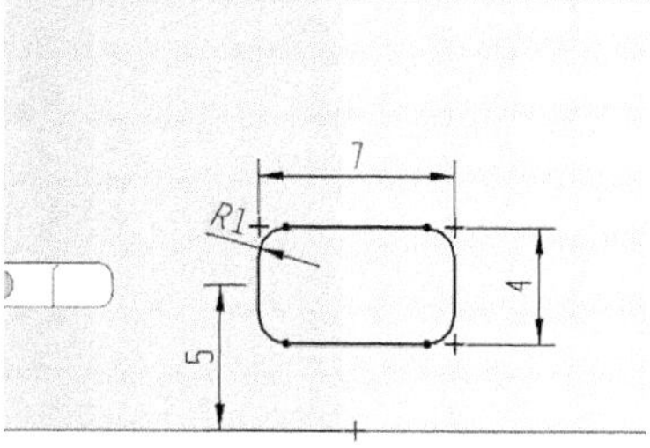 
⑧ 绘制半球草图轮廓：将 XC—ZC 平面旋转-45°，以此平面创建草图，绘制半球草图轮廓	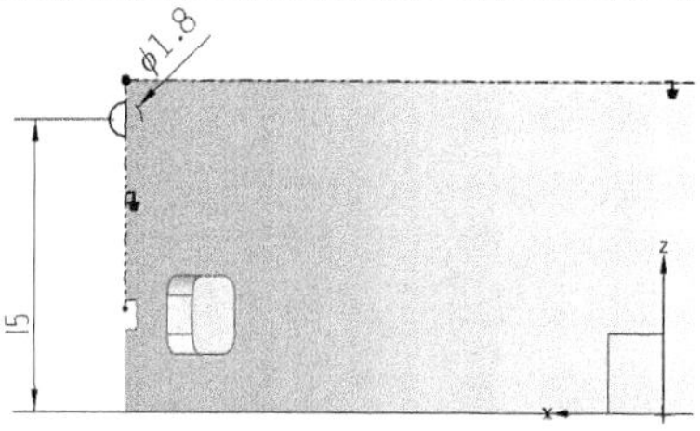
⑨ 创建半球：使用旋转命令，选择步骤 2 中步骤⑧绘制的草图，设置轴方向为 Z 轴方向，指定点选择圆心，"开始"为 0°，"结束"为 360°，布尔选择"无"，单击"确定"按钮，完成半球3D 建模	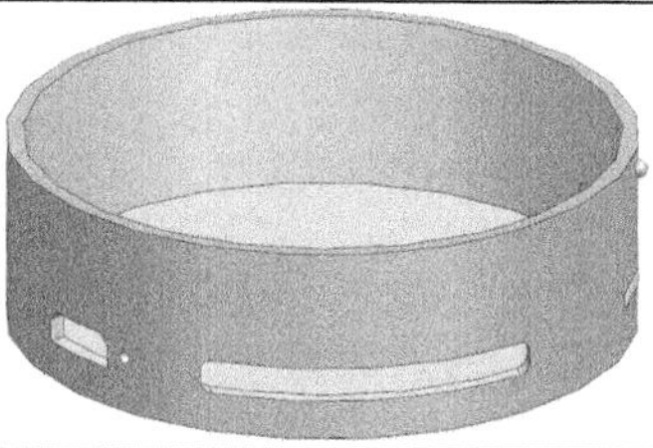
⑩ 阵列半球：使用阵列特征命令，选择球特征，选择曲线矢量轴模式，以 Z 轴为矢量，"数量"为 3，"跨角"为 360°，单击"确定"按钮	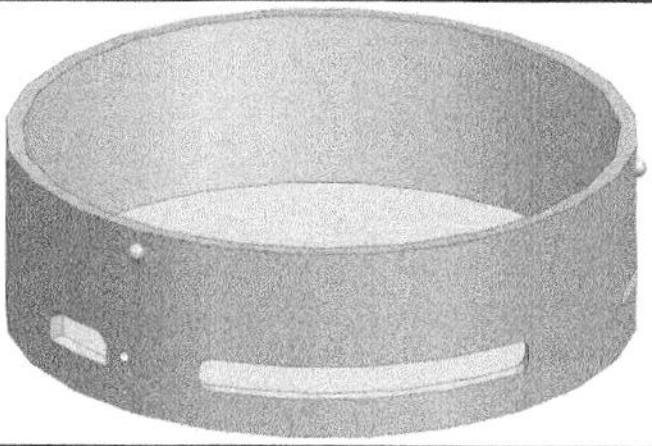

2. 创建蓝牙音箱外壳下盖

续表

步骤	结果图示
⑪ 布尔求和运算：使用合并命令，"目标"选择蓝牙音箱外壳下盖，"工具"选择半球，单击"确定"按钮	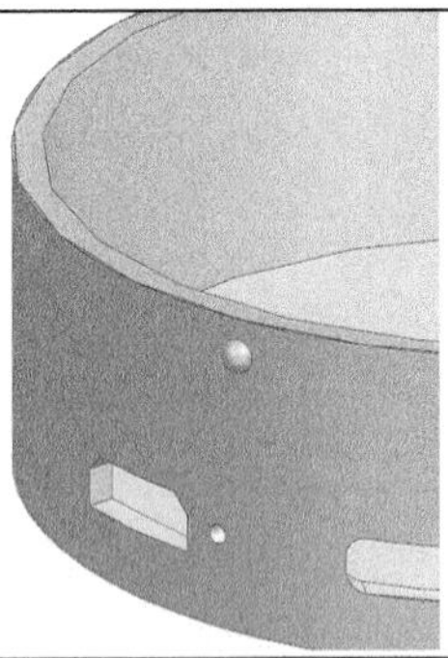
2. 创建蓝牙音箱外壳下盖 ⑫ 导出 STL 格式文件：使用导出命令，导出 STL 格式文件	

任务 6.3 3D 打印

6.3.1 知识链接——3D 打印三维数字模型注意事项

1. 三维数字模型必须为封闭的

三维数字模型必须为封闭的，也称无漏。有时候，检查三维数字模型是否封闭是很困难的，可利用一些软件的探测功能进行检查。

2. 三维数字模型的壁厚

对于 3D 打印而言，壁厚是指三维数字模型的一个表面与其相对应表面的距离。打印三维数字模型的最小壁厚与其整体尺寸相关，一般情况下，随着设计尺寸的增加，最小壁厚也会增加。对于小尺寸的三维数字模型，最小壁厚需要大于或等于 1mm。

3. 支撑 45° 规则

三维数字模型添加支撑主要是为了防止在打印过程中材料下坠，影响三维数字模型打印的成功率。打印支撑需要花费时间，去除支撑也增加工作量。而且在去除支撑后，成型件上仍然会留下不美观的痕迹，去除这些痕迹也需费时费力。

在三维数字模型中大于 45° 的凸出部位，打印时都需要支撑，因此，在 3D 建模时，尽量避免较大角度的凸出。凸出部位角度对支撑的影响如图 6-10 所示。

图 6-10   凸出部位角度对支撑的影响

如果在 3D 建模过程中无法避免大于 45° 的凸出，则需要添加支撑或修改三维数字模型，对于三维数字模型的修改，可以考虑以下方法。

1）圆孔改为可自身支撑的菱形孔，既能够传递动力又无须支撑。无须支撑的菱形孔如图 6-11 所示。

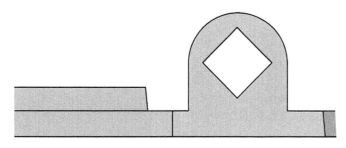

图 6-11   无须支撑的菱形孔

2）倒角是一种巧妙的方法，可将悬垂物变成无支撑的凸出物。角度为 45°，无须支撑的倒角如图 6-12 所示。

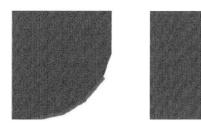

图 6-12   角度为 45°，无须支撑的倒角

4. 活动部件之间的间隙

间隙是指三维数字模型的两个活动部件之间需要的距离（如两个齿轮连接处之间的距离）。间隙是十分关键的，相邻表面之间的距离决定了成型件的灵活性与可弯曲性。如果间隙小于 0.4mm，则会导致两个活动部件融合在一起。

5. 装配

在设计需要装配连接的三维数字模型时，在部件与部件之间预留足够的空间十分重要。在设计软件中的完全贴合并不意味着打印成型后的完全贴合。这是因为在软件中并没有考虑到实际摩擦的情况。因此，装配部件之间保持约 0.3mm 的距离十分必要。

6.3.2　蓝牙音箱外壳 3D 打印与装配工作指导

蓝牙音箱外壳 3D 打印与装配工作指导如表 6-3 所示。

表 6-3　蓝牙音箱外壳 3D 打印与装配工作指导

步骤		结果图示
1. 文件切片	① 在菜单栏中选择"文件"|"打开文件"命令，选择要打印的 STL 格式文件，将其导入切片软件	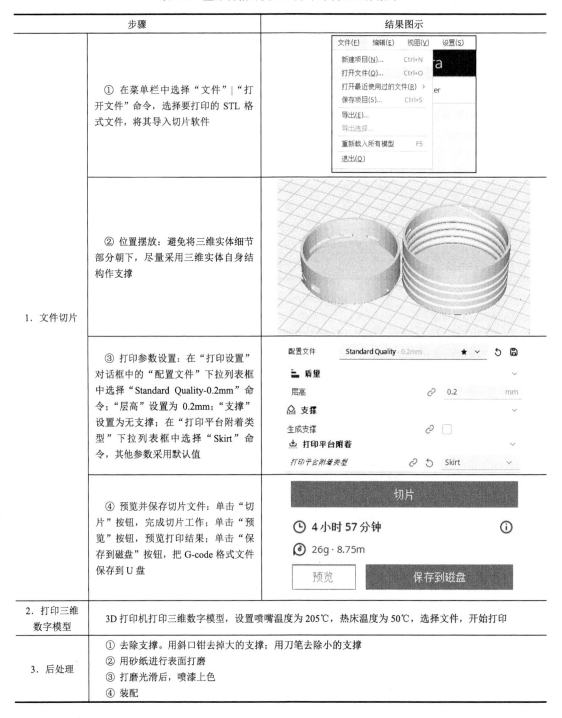
	② 位置摆放：避免将三维实体细节部分朝下，尽量采用三维实体自身结构作支撑	
	③ 打印参数设置：在"打印设置"对话框中的"配置文件"下拉列表框中选择"Standard Quality-0.2mm"命令；"层高"设置为 0.2mm；"支撑"设置为无支撑；在"打印平台附着类型"下拉列表框中选择"Skirt"命令，其他参数采用默认值	
	④ 预览并保存切片文件：单击"切片"按钮，完成切片工作；单击"预览"按钮，预览打印结果；单击"保存到磁盘"按钮，把 G-code 格式文件保存到 U 盘	
2. 打印三维数字模型	3D 打印机打印三维数字模型，设置喷嘴温度为 205℃，热床温度为 50℃，选择文件，开始打印	
3. 后处理	① 去除支撑。用斜口钳去掉大的支撑；用刀笔去除小的支撑 ② 用砂纸进行表面打磨 ③ 打磨光滑后，喷漆上色 ④ 装配	

将设置的打印参数记录在表 6-4 中，以便于在打印完成后进行质量检查。在打印过程中出现问题时，可查看打印参数，再次打印时可调整相应参数，进行对比。每次打印完成后，基于最终三维实体进行整体打印参数的总结。

表 6-4　蓝牙音箱外壳打印参数表

序号	打印参数名称	数值	备注
1	层厚		
2	壁厚		
3	顶 / 底层厚度		
4	填充密度		
5	挤出温度		
6	平台温度		
7	填充线间距		
8	支撑类型		
9	有无底座		

总结

实 训 评 价

实训评价表如表 6-5 所示。

表 6-5　实训评价表

评价项目	评价依据	学生自评得分	教师评价得分
草图设计模块（20 分）	设计思路清晰		
3D 建模模块（30 分）	熟练运用草图、旋转、阵列特征等命令		
3D 打印模块（25 分）	能熟练进行切片，并打印三维数字模型		
成果展示模块（15 分）	展示效果		
团队精神（10 分）	团队意识和合作精神		
任务反思	哪些地方做得比较好？ 哪些地方需要改进？		
综合评价			

拓 展 训 练

实训工厂洗手池旁边需要一些肥皂盒，请你设计并打印出来。肥皂盒参考图片如图 6-13 所示。

图 6-13　肥皂盒参考图片

項目 **7**

杯托的设计与打印

　　小朋友经常毛手毛脚碰倒书桌上的水杯，你能设计一款杯托吗？杯托如图 7-1 所示。要求杯托可安装在书桌上、可稳定放置水杯、有足够的强度、可拆卸、不能伤害桌子。本项目将搜集常见的杯托产品，分析杯托的结构与功能，并利用 UG NX 1899 软件设计一个杯托，再将其打印出来；本项目重点练习 UG NX 1899 软件螺纹命令、装配命令，以及 3D 打印后处理、3D 成型件装配等内容。

图 7-1　杯托

学习目标

　　知识目标

- 学会拼杯托的设计思路。
- 学会直线、矩形、圆和圆弧等草图命令的使用方法。
- 学会拉伸、布尔运算、螺纹等命令的使用方法。
- 学会常见杯托的结构设计。
- 学会三维数字化设计的基础知识。
- 学会 3D 打印三维数字模型分块处理技巧。
- 学会 3D 打印安全操作与劳动保护知识。

　　能力目标

- 能够将杯托绘制为三维数字模型。
- 能够熟练应用草图、拉伸、布尔运算、螺纹等命令。
- 能够掌握杯托设计的基本过程。
- 能够应用 3D 建模技巧设计三维数字模型，并能合理进行分块处理。

任务 7.1　方 案 设 计

7.1.1　杯托文化

俗话说"有杯必有托"，首先，使用杯托可以避免茶汤洒落，或者由于杯子过烫而导致烫手；其次，杯托还可以避免较烫的杯子与桌面的直接接触，对桌面起到保护、清洁的作用，当然在没有杯托时也会选择用杯垫代替；最后，使用杯托，还可增加泡茶、饮茶的仪式感和美感，提升品茗杯的精气神。此外，杯托还有增加茶杯或茶碗稳定性的作用。

杯托，小而优雅却撑起整个茶杯的世界，虽是小小一物，却曾流传着一段佳话。在晚唐李匡乂的《资暇录》卷下《茶托子》中记载道："始建中，蜀相崔宁之女，以茶杯无衬，病其熨指，取楪子承之，既啜而杯倾，乃以蜡环楪子之央，其杯遂定。即命匠以漆环代蜡，进于蜀相。蜀相奇之，为制名而话于宾亲，人人为便，用于当代。后传者更环其底，愈新其制，以至百状焉。"

宋代苏东坡的名句"从来佳茗似佳人"，代表了唐宋及以后的文人墨客，将品茶作为精神享受的明显倾向。杯托之于茶杯，如淑女的鞋子与衣物的搭配：可以强势，可以隆重，可以低吟，可以静美。杯托的用途在于防止烫手，同时也有卫生的考量，为了避免直接接触杯缘，茶主人以将茶杯置于杯托的方式奉茶给客人，既妥当又雅致。

在事茶时用杯托奉茶，不仅可以防烫，而且可以令茶事洁净。杯托可以承托品茗杯（茶杯），让品茗者更加关注茶汤。杯托对品茗杯的保护，时时怀有体贴器皿之心。杯托之美，还在于它的仪式感，双手执杯，这是对自己也是对他人的尊重，而在品茶时有了杯托，仪式感会增强，品茗时的心境也更加恭敬与感恩。

7.1.2　杯托设计参考

在设计杯托时，应该从外形、材料、结构、功能等方面考虑。杯托的结构须稳定且易于制作、占用空间少、易于连接、操作方便，成本也不能太高。对于杯托的最基本要求就是容易拿取、放置稳妥且不会与杯子有粘连。在外观设计上，若茶杯与杯托遥相呼应，则会显得更加精致典雅。

制作杯托的材料多种多样，包括瓷、陶、紫砂、竹、木、金、银、铜、锡等，以简约的外观为主，以流畅的线条来烘托茶的韵致。杯托设计如图 7-2 所示。

图 7-2　杯托设计

7.1.3　草图设计

思考一下：杯托的设计思路与呈现方式是什么？请记录在表 7-1 中。

表 7-1　杯托的设计思路与呈现方式

设计思路（杯托造型设计）	呈现方式（主要包括颜色、材料选择等）

任务 7.2　3D 建模

7.2.1　建模思路

杯托 3D 建模思路如下。

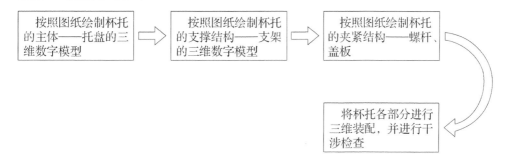

7.2.2　知识链接——螺纹命令

UG NX 1899 软件在绘制螺纹时可以选择符号螺纹或详细螺纹，这样就能非常方便地绘制出螺纹，并将该螺纹添加到实体圆柱面上。符号螺纹用符号表示螺纹；详细螺纹则是在实体上构建真实样式的详细螺纹。

1）单击"主页"选项卡中"基本"选项组中的"更多"按钮，在下拉菜单中单击"螺纹"按钮，或在菜单栏中选择"插入" | "设计特征" | "螺纹"命令，弹出"螺纹切削"对话框，如图 7-3 所示，在"螺纹类型"选项组中选择"详细"命令。

2）系统提示选择一个圆柱面，在三维数字模型中选择图 7-4 所示的圆柱面。

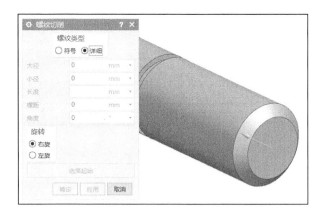

图 7-3　"螺纹切削"对话框　　　　　图 7-4　选择圆柱面

3）系统提示选择起始面，选择图 7-5 所示的起始面。

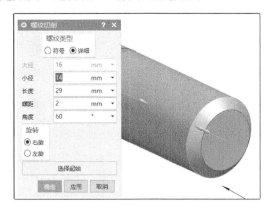

图 7-5　选择起始面

4）此时的螺纹轴与预想中相反，因此，需要反向螺纹轴向。在"螺纹切削"对话框中单击"螺纹轴反向"按钮，使螺纹轴向满足设计要求，如图 7-6 所示，然后单击"确定"按钮。

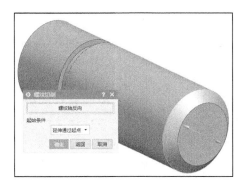

图 7-6　反向螺纹轴向

5）分别设置螺纹"小径""长度""螺距""角度"等，如图 7-7 所示。
6）在"螺纹切削"对话框中单击"确定"按钮，创建的详细螺纹如图 7-8 所示。

图 7-7 设置螺纹参数

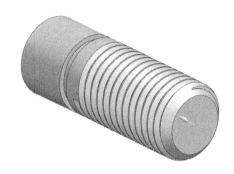

图 7-8 创建的详细螺纹

注意：非标准螺纹无法用上述方法绘制，可通过扫掠命令绘制特殊形状的螺纹。

7.2.3 杯托的图纸与 3D 建模步骤

杯托的设计图纸如图 7-9～图 7-13 所示。

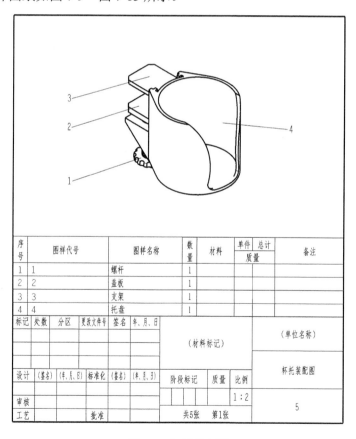

序号	图样代号	图样名称	数量	材料	单件质量	总计	备注
1	1	螺杆	1				
2	2	盖板	1				
3	3	支架	1				
4	4	托盘	1				

图 7-9 杯托装配图

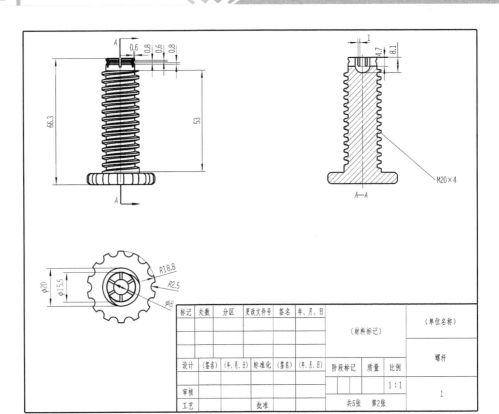

图 7-10　螺杆

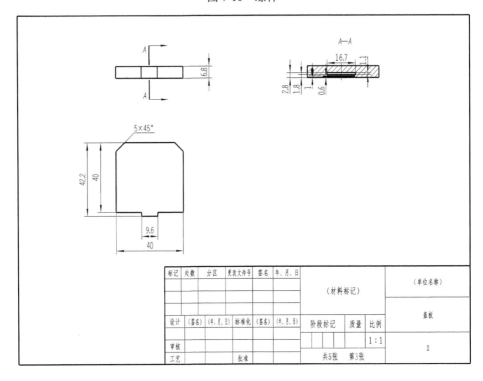

图 7-11　盖板

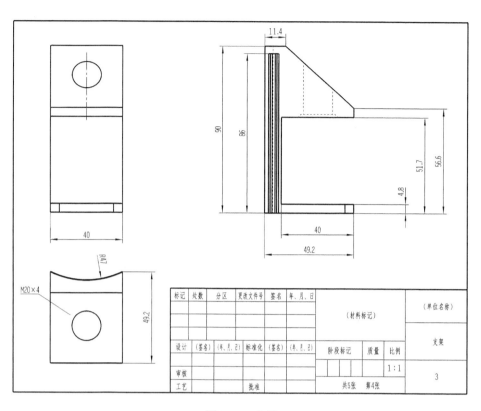

图 7-12　支架

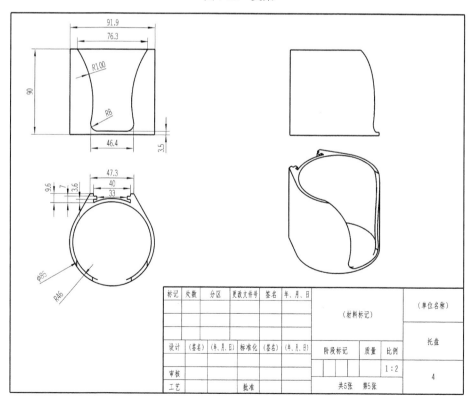

图 7-13　托盘

杯托 3D 建模步骤如下。

1）绘制杯托的主体——托盘的三维数字模型，并导出为 STL 格式文件，如图 7-14 所示。

2）绘制杯托的支撑结构——支架的三维数字模型，并导出为 STL 格式文件，如图 7-15 所示。

图 7-14　托盘三维数字模型

图 7-15　支架三维数字模型

3）绘制杯托的夹紧结构——螺杆、盖板的三维数字模型，并导出为 STL 格式文件，如图 7-16 和图 7-17 所示。

图 7-16　螺杆三维数字模型

图 7-17　盖板三维数字模型

任务 7.3　3D 打印

7.3.1　知识链接——3D 打印三维数字模型的分块处理

由于打印机打印尺寸的限制，大型三维数字模型一般必须要分块处理。在哪里分块、分成什么形状是根据安装顺序、结构强度要求和在打印平台上的放置位置决定的。首先考虑安装顺序，即分块成型的成型件在安装时必须要可以安装，建议在图纸上画出各个成型件的安装顺序，这在复杂零件 3D 打印成型加工中非常有用；其次考虑结构强度要求，即分块处一般要避开受力和形变较大处；最后考虑在打印平台上的放置位置，合适的分块处理可以显著地节省材料和加工时间，以及加强 3D 打印时的稳定性。

三维数字模型分块处理的切割工具有如下几种。

1）网格切割工具。网格切割工具可以将三维数字模型切割成网格，每个网格都可以单独打印。这种方法适用于结构较为简单的三维数字模型，如立方体或球体。网格切割工具通常会提供一些参数，可以根据需要调整网格的大小和密度，这样可以在保证成型件质量的前提下，尽可能减少打印时间和材料浪费。

2）面片切割工具。面片切割工具可以将三维数字模型按照面片进行切割，每个面片都可以单独打印，并且可以保持该模型的完整性。这种方法适用于复杂的三维数字模型，如人体或动物模型。面片切割工具通常会提供一些功能，如自动识别面片和手动调整面片的大小与位置，这样可以在保证成型件质量的前提下，尽可能减少打印时间和材料浪费。

3）体积切割工具。体积切割工具可以将三维数字模型按照体积进行切割，每个体积都可以单独打印，并且可以保持该模型的完整性。这种方法适用于非常复杂的三维数字模型，如建筑模型或机械零件模型。体积切割工具通常会提供一些功能，如自动识别体积和手动调整体积的大小和位置，这样可以在保证成型件质量的前提下，尽可能减少打印时间和材料浪费。

除了上述常见的三维数字模型分块处理切割工具外，还有一些其他工具可以用于特定需求。例如，如果需要在三维数字模型中添加连接件或支撑结构，则可以使用连接件生成工具或支撑结构生成工具。这些工具可以根据用户的需求自动生成连接件或支撑结构，并将其与三维数字模型一起打印。这样可以提高三维数字模型的稳定性和可组装性。

总之，三维数字模型分块处理是 3D 打印中不可或缺的一步。通过合理使用三维数字模型分块处理切割工具，可以提高打印效率，降低打印成本，并保证成型件质量。在选择三维数字模型分块处理切割工具时，需要根据该模型的复杂程度和打印需求来进行选择。同时，还需要根据具体情况进行调整和优化，以获得最佳的打印结果。

7.3.2 杯托的 3D 打印与装配工作指导

杯托的 3D 打印与装配工作指导如表 7-2 所示。

表 7-2 杯托的 3D 打印与装配工作指导

步骤		结果图示
1. 文件切片	① 在菜单栏中选择"文件"|"打开文件"命令，选择要打印的 STL 格式文件，将其导入切片软件	
	② 位置摆放：避免将三维实体细节部分朝下，尽量采用三维实体自身结构作支撑	

步骤		结果图示
1. 文件切片	③ 打印参数设置：在"打印设置"对话框中的"配置文件"下拉列表框中选择"Standard Quality-0.2mm"命令；"层高"设置为 0.2mm；"支撑"设置为无支撑；在"打印平台附着类型"下拉列表框中选择"Skirt"命令；其他参数采用默认值	 配置文件　Standard Quality - 0.2mm　★ ∨ ⟳ 💾 ▤ 质量 层高　　　　　　　⊘　0.2　　mm ⌂ 支撑 生成支撑　　　　　⊘ ☐ ⬚ 打印平台附着 打印平台附着类型　⊘ ⟳ Skirt
	④ 预览并保存切片文件：单击"切片"按钮，完成切片工作；单击"预览"按钮，预览打印结果；单击"保存到磁盘"按钮，将 G-code 格式文件保存到 U 盘	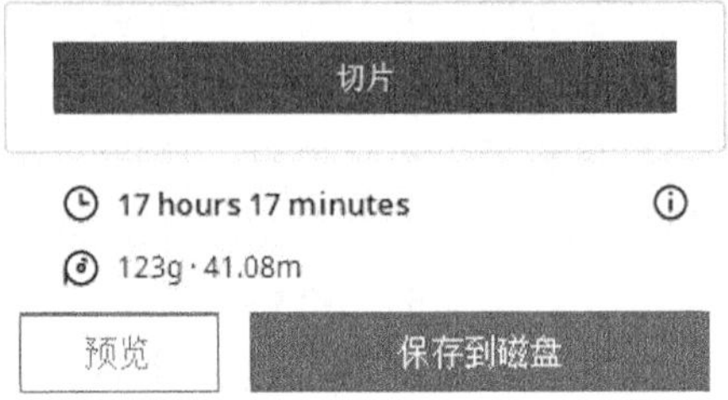 切片 🕐 17 hours 17 minutes　　　ⓘ ⏱ 123g·41.08m 预览　　　　保存到磁盘
2. 打印三维数字模型	3D 打印机打印三维数字模型，设置喷嘴温度为 205℃，热床温度为 50℃，选择文件，开始打印	
3. 后处理	① 去除支撑。用斜口钳去掉大的支撑；用刀笔去除小的支撑 ② 用砂纸进行表面打磨 ③ 打磨光滑后，喷漆上色 ④ 装配	

将设置的打印参数记录在表 7-3 中，以便于在打印完成后进行质量检查。在打印过程中出现问题时，可查看打印参数，再次打印时可调整相应参数，进行对比。每次打印完成后，基于最终三维实体进行整体打印参数的总结。

表7-3　杯托打印参数表

序号	打印参数名称	数值	备注
1	层厚		
2	壁厚		
3	顶 / 底层厚度		
4	填充密度		
5	挤出温度		
6	平台温度		
7	填充线间距		
8	支撑类型		
9	有无底座		

总结

实 训 评 价

实训评价表如表 7-4 所示。

表 7-4 实训评价表

评价项目	评价依据	学生自评得分	教师评价得分
草图设计模块（20 分）	设计思路清晰		
3D 建模模块（30 分）	熟练运用草图、螺纹、装配等命令		
3D 打印模块（25 分）	能熟练打印并装配三维数字模型		
成果展示模块（15 分）	展示效果		
团队精神（10 分）	团队意识和合作精神		
任务反思	哪些地方做得比较好？ 哪些地方需要改进？		
综合评价			

拓 展 训 练

请根据螺纹传动的方式，设计并打印一款简易虎钳。简易虎钳参考图片如图 7-18 所示。

图 7-18 简易虎钳参考图片

指尖陀螺的设计与打印

作为儿时玩具的指尖陀螺，承载了很多美好的童年回忆。你能帮助幼儿园小朋友们设计一个指尖陀螺吗？指尖陀螺如图 8-1 所示。本项目将利用 UG NX 1899 软件设计一个指尖陀螺，并将其打印出来。本项目重点练习草图、孔、布尔运算等命令，以及 3D 打印前处理、3D 打印机操作等内容。

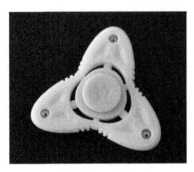

图 8-1　指尖陀螺

学习目标

知识目标

- 学会指尖陀螺的物理结构，理解转动惯量的概念及其对指尖陀螺设计的影响。
- 学习指尖陀螺的设计思路。
- 学会产品造型与三维数字化设计等方面的知识。
- 学会 UG NX 1899 软件孔命令的使用方法。
- 学会 3D 打印成型设备结构等相关知识。

能力目标

- 能够掌握指尖陀螺设计的基本过程。
- 合理选择各部件配合的方法，能够根据现有材料设计解决方案。
- 具有在设计方案基础上，用手工绘图表达设计创意的能力。
- 能够将指尖陀螺绘制为三维数字模型。
- 能够熟练应用草图、拉伸、孔和布尔运算等命令。
- 具有对设计产品的质量进行监控的能力。
- 熟练掌握 UG NX 1899 软件的基本知识和常用命令的使用方法。
- 具有操作 3D 打印机的能力。

任务 8.1 方案设计

8.1.1 轴承的进口替代之路

指尖陀螺的流行带火了轴承。轴承是主机性能、功能和工作效率的重要保证，是工业领域重大装备的核心部件之一，它广泛应用于汽车、风电、装备制造、工程机械、轨道交通、航空航天和新能源产业等众多行业，全球市场规模超 1000 亿美元。但是长期以来，中国一直依赖进口高端轴承，小小的轴承成了大国的"心病"。

目前，中国轴承企业面临着中、低端市场产能过剩的处境，优势企业通过持续研发，陆续打开了高端市场，呈现出替代进口高端轴承的趋势。在轴承国产化的道路上，很多企业都做出了不凡的成就，其中一家优秀的企业就是瓦房店轴承集团有限责任公司（以下简称瓦轴集团）。

瓦轴集团生产出了中国第一套工业轴承、第一套铁路轴承、第一套汽车轴承，创造了中国轴承工业的无数个第一。近年来，又不断破解高端轴承研制的"密码"，生产出众多国家重大工程、重大装备、重大需求用轴承。近年来，瓦轴集团开始引领中国轴承从低端市场向中、高端市场进军。

瓦轴集团轴承检测试验中心于 2004 年 3 月正式通过中国合格评定国家认可委员会的检测能力认可，出具的检测报告可与 16 个国家的 23 个组织机构互为承认检测结果。在瓦轴集团轴承检测试验中心的轴承寿命试验室和产品检测室中，有国内唯一可进行超大尺寸轴承试验的试验机，以及国内首创的高铁轴箱轴承试验机，后者为高铁轴承的研发、优化提供了可靠的数据支撑。2016 年，瓦轴集团同英国泰勒·霍普森公司合作成立瓦轴—泰勒联合实验室，应用最先进的轴承检测技术，解决国内轴承检测难题，标志着瓦轴集团的检测实验水平正步入国际先进行列。

1. 争取行业"话语权"

长期以来，由于缺少大量基础数据，中国轴承很难进入国际中、高端市场，更不要提在市场中的"话语权"。近年来，通过反复试验，瓦轴集团为国际领先的知名风机制造企业研制了多种配套轴承，并大批量生产。与此同时，瓦轴集团主持参与制定了多项风电轴承的国家标准和行业标准，并在国内率先自主研发风电齿轮箱全系列轴承，填补国内空白，主导制定风力发电机组齿轮箱轴承国家标准。此外，瓦轴集团自主研制出 6.×兆瓦风机单列圆锥主轴轴承，打破了国外企业对大兆瓦风机主轴轴承的垄断。

聚焦风电轴承"卡脖子"等重点问题攻关，瓦轴集团从产品设计源头抓起，集中精力打造具有核心竞争力的产品，先后有多项技术填补国内空白，在风电轴承领域成就了瓦轴集团的"话语权"。

2. 拿到市场"敲门砖"

世界轴承市场 70%以上的份额，被跨国轴承集团公司所占据，特别是在高端轴承市场，国外轴承企业占有领先的市场地位。要想打破国外企业对高端轴承的垄断，必须强化设计源头创新，形成产业核心技术能力。

随着主机行业对高端轴承国产配套需求的不断提升，瓦轴集团积极开展高端轴承长寿命、高可靠性能技术研究，攻克关键核心技术，向轴承产业链中、高端迈进，加快发展"高、精、特、新"拳头产品。瓦轴集团突破高端产品的设计与制造关键技术壁垒，经检测轴承精度达到国际先进水平，打破了国外技术垄断，成功占据高端市场的一席之地。

瓦轴集团轴承检测试验中心的检测试验能力不断提升，不仅为科研攻关提供了条件保障，也成为该企业进入高端市场的重要"敲门砖"。

8.1.2 指尖陀螺设计参考

在设计指尖陀螺之前，要准备一款微型轴承，经常采用的是 608 轴承。指尖陀螺结构如图 8-2 所示，在设计指尖陀螺时，可以从实用性、创新性、美观性、经济性、安全性等方面考虑。指尖陀螺要求旋转功能畅通，人机关系良好，外观设计具有美感，不能划伤手，若脱手也不能伤害他人。指尖陀螺设计如图 8-3 所示。

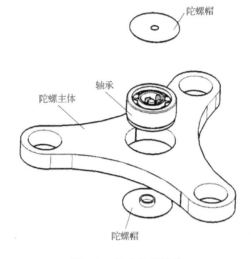

图 8-2 指尖陀螺结构

图 8-3 指尖陀螺设计

8.1.3　草图设计

思考一下：指尖陀螺的设计思路与呈现方式是什么？请记录在表 8-1 中。

表 8-1　指尖陀螺的设计思路与呈现方式

设计思路（指尖陀螺造型设计）	呈现方式（主要包括颜色、材料选择等）

任务 8.2　3D 建模

8.2.1　建模思路

轴承属于标准件，3D 打印的轴承精度不够，需要购买三个 608 轴承、两个 R188 轴承。指尖陀螺的 3D 建模思路如下。

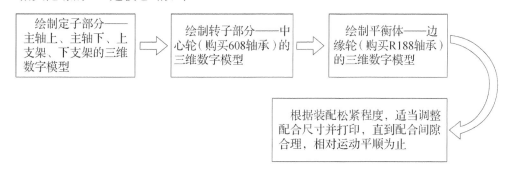

8.2.2　知识链接——孔命令

UG NX 1899 软件孔命令可在部件或装配中创建以下四种类型的孔：简单孔、沉头孔、埋头孔和锥孔。简单孔的创建步骤如下。

1）单击“主页”选项卡中“基本”选项组中的“孔”按钮或在菜单栏中选择“插入”|“设计特征”|“孔”命令，弹出“孔”对话框，如图 8-4 所示。

2）指定孔的中心点，选择打孔的面，如图 8-5 所示。

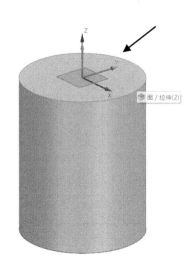

图 8-4 "孔"对话框　　　　　　　　　　图 8-5 选择打孔的面

3）创建点，需要打几个孔，就创建几个点。创建点以后，可以对点进行尺寸约束，即对孔进行定位。创建两个点的位置如图 8-6 所示。

4）选择步骤 3）中创建的两个点，设置孔径，一般选择"孔方向"为"垂直于面"，"深度限制"为"贯通体"，"布尔"为"减去"，单击"确定"按钮，完成简单孔的创建，如图 8-7 所示。

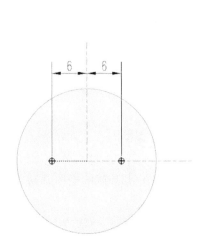

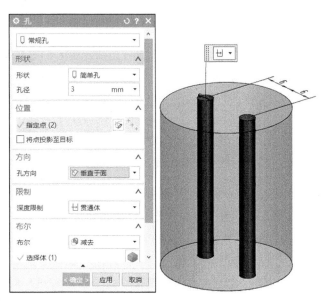

图 8-6 创建两个点的位置　　　　　　　图 8-7 简单孔的创建

8.2.3　指尖陀螺的图纸与 3D 建模步骤

指尖陀螺的图纸如图 8-8～图 8-16 所示。

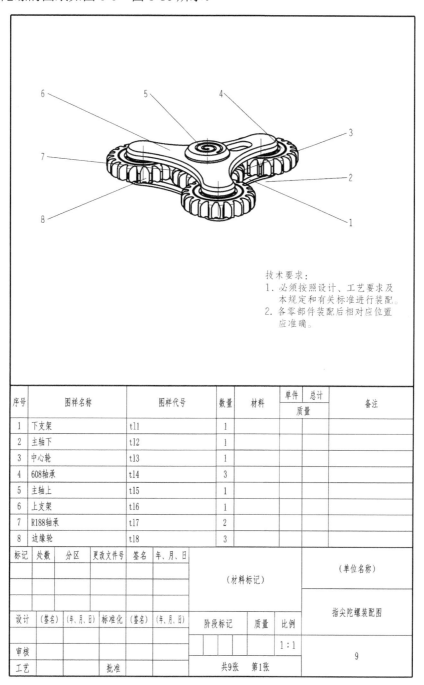

技术要求:
1. 必须按照设计、工艺要求及本规定和有关标准进行装配。
2. 各零部件装配后相对应位置应准确。

序号	图样名称	图样代号	数量	材料	单件 质量	总计 质量	备注
1	下支架	t11	1				
2	主轴下	t12	1				
3	中心轮	t13	1				
4	608轴承	t14	3				
5	主轴上	t15	1				
6	上支架	t16	1				
7	R188轴承	t17	2				
8	边缘轮	t18	3				

标记	处数	分区	更改文件号	签名	年、月、日				
						(材料标记)		(单位名称)
设计	(签名)	(年、月、日)	标准化	(签名)	(年、月、日)			指尖陀螺装配图
审核						阶段标记	质量	比例
工艺			批准			共9张　第1张		1:1

图 8-8　指尖陀螺装配图

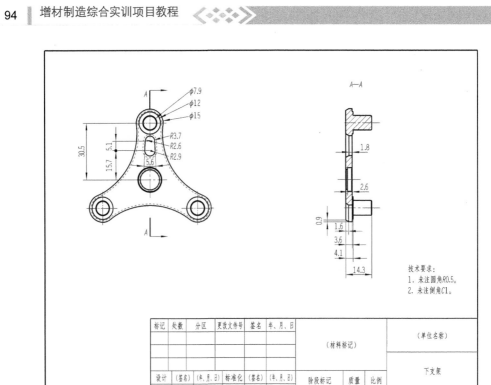

图 8-9　下支架

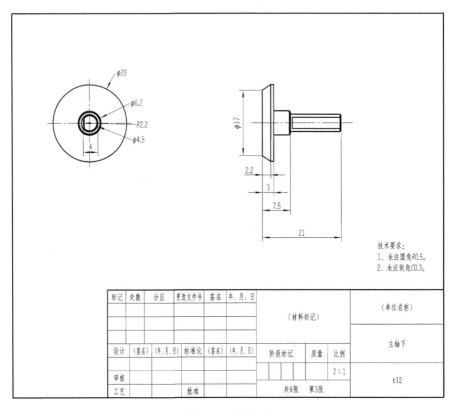

图 8-10　主轴下

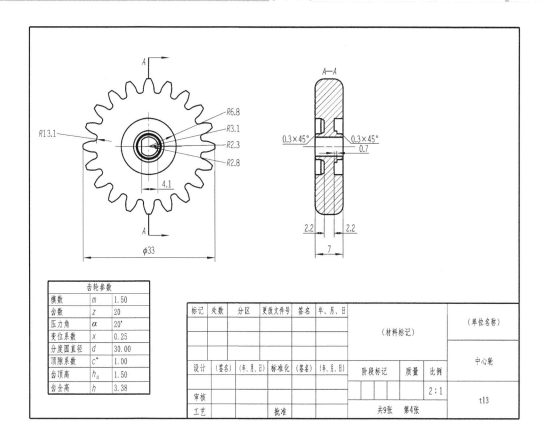

齿轮参数		
模数	m	1.50
齿数	z	20
压力角	α	20°
变位系数	x	0.25
分度圆直径	d	30.00
顶隙系数	c^*	1.00
齿顶高	h_a	1.50
齿全高	h	3.38

图 8-11　中心轮

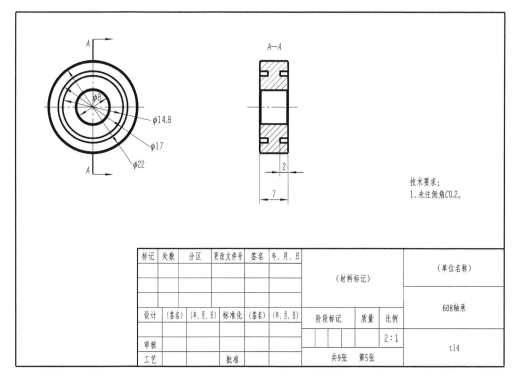

技术要求：
1. 未注倒角C0.2。

图 8-12　608 轴承

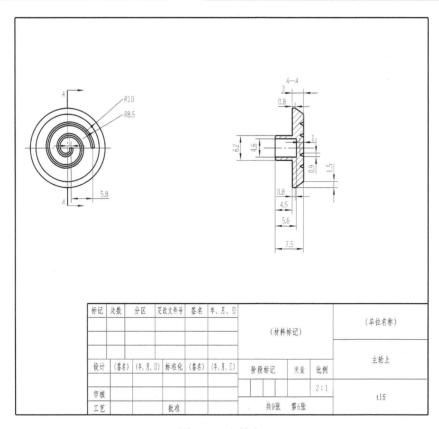

图 8-13　主轴上

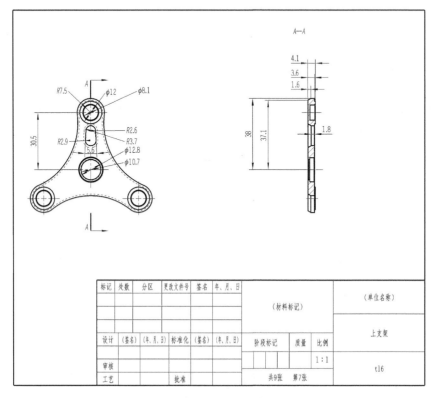

图 8-14　上支架

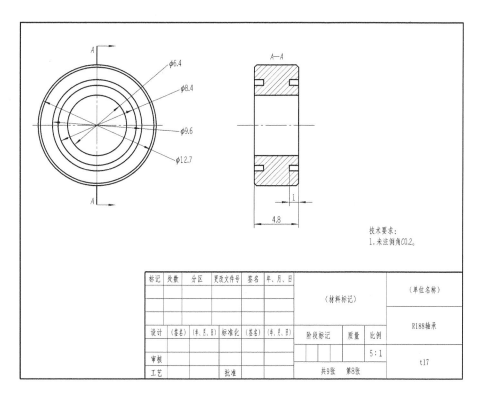

图 8-15　R188 轴承

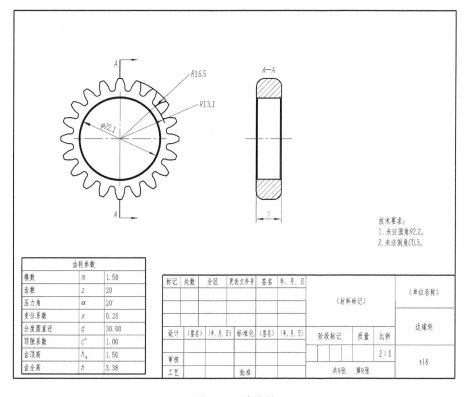

齿轮参数		
模数	m	1.50
齿数	z	20
压力角	α	20°
变位系数	x	0.25
分度圆直径	d	30.00
顶隙系数	c^*	1.00
齿顶高	h_a	1.50
齿全高	h	3.38

图 8-16　边缘轮

指尖陀螺 3D 建模步骤如下。

1）绘制定子部分——主轴上、主轴下、上支架、下支架的三维数字模型，如图 8-17～图 8-20 所示。

图 8-17　主轴上三维数字模型

图 8-18　主轴下三维数字模型

图 8-19　上支架三维数字模型

图 8-20　下支架三维数字模型

2）绘制转子部分——中心轮的三维数字模型，如图 8-21 所示。

3）绘制平衡体——边缘轮的三维数字模型，如图 8-22 所示。

图 8-21　中心轮三维数字模型

图 8-22　边缘轮三维数字模型

4）将各部件三维数字模型，分别导出为 STL 格式文件，并命名为相应部件名称。

任务 8.3　3D 打印

8.3.1　知识链接——3D 打印机结构

3D 打印机由于工艺的不同，目前有多种类型，这里以最常见的 FDM 3D 打印机为例，介绍 3D 打印机的结构。

FDM 3D 打印使用的是特殊线材，通过喷头热端使线材达到熔融状态后再挤出，进行一层层的打印。

FDM 3D 打印机的结构包括以下几个组成部分。

1）成型平台：用于打印三维实体的平台，通常由金属或玻璃制成。

2）打印喷嘴：用于将熔化的塑料材料逐层喷射到成型平台上，通常由金属制成。

3）控制系统：用于控制 3D 打印机的运行，包括控制打印喷嘴的温度、打印速度等参数。

4）传送系统：用于将塑料丝材或塑料片材输送到打印喷嘴，并在打印过程中保持连续供料。

5）加热系统：用于加热并熔化塑料材料，使其能够通过打印喷嘴进行喷射。

6）电源：提供打印机各个部分所需的电能。

7）操作界面：用于用户设置打印参数、监控打印进程等。

总的来说，FDM 3D 打印机结构的组成部分包括成型平台、打印喷嘴、控制系统、传送系统、加热系统、电源和操作界面。

8.3.2　指尖陀螺 3D 打印与装配工作指导

指尖陀螺 3D 打印与装配工作指导如表 8-2 所示。

表 8-2　指尖陀螺 3D 打印与装配工作指导

步骤		结果图示
1. 文件切片	① 在菜单栏中选择"文件"|"打开文件"命令，选择要打印的 STL 格式文件，将其导入切片软件	
	② 位置摆放：避免将三维实体细节部分朝下，尽量采用三维实体自身结构作支撑	

步骤		结果图示
1. 文件切片	③ 打印参数设置：在"打印设置"对话框中的"配置文件"下拉列表框中选择"Standard Quality-0.2mm"命令；"层高"设置为 0.2mm；"支撑"设置为无支撑；在"打印平台附着类型"下拉列表框中选择"Skirt"命令，其他参数采用默认值	 配置文件　Standard Quality · 0.2mm　★ ⌄ ↺ 🖫 ▤ 质量　⌄ 层高　🔗　0.2　mm ⌂ 支撑　⌄ 生成支撑　🔗 ☐ ⤓ 打印平台附着　⌄ 打印平台附着类型　🔗 ↺ Skirt ⌄
	④ 预览并保存切片文件：单击"切片"按钮，完成切片工作；单击"预览"按钮，预览打印结果；单击"保存到磁盘"按钮，把 G-code 格式文件保存到 U 盘	 切片 🕐 3 小时 32 分钟　ⓘ ⏱ 20g · 6.57m 预览　保存到磁盘
2. 打印三维数字模型	3D 打印机打印三维数字模型，设置喷嘴温度为 205℃，热床温度为 50℃，选择文件，开始打印	
3. 后处理	① 去除支撑，用斜口钳去掉大的支撑，用刀笔去除小的支撑 ② 用砂纸进行表面打磨 ③ 打磨光滑后，喷漆上色 ④ 装配	

将设置的打印参数记录在表 8-3 中，以便于在打印完成后进行质量检查。在打印过程中出现问题时，可查看打印参数，再次打印时可调整相应参数，进行对比。每次打印完成后，基于最终三维实体进行整体打印参数的总结。

表 8-3　指尖陀螺打印参数表

序号	打印参数名称	数值	备注
1	层厚		
2	壁厚		
3	顶 / 底层厚度		
4	填充密度		
5	挤出温度		
6	平台温度		
7	填充线间距		
8	支撑类型		
9	有无底座		

总结

实 训 评 价

实训评价表如表 8-4 所示。

表 8-4　实训评价表

评价项目	评价依据	学生自评得分	教师评价得分
草图设计模块（20 分）	设计思路清晰		
3D 建模模块（30 分）	熟练运用草图、孔、布尔运算等命令		
3D 打印模块（25 分）	能熟练进行切片，并打印三维数字模型		
成果展示模块（15 分）	展示效果		
团队精神（10 分）	团队意识和合作精神		
任务反思	哪些地方做得比较好？ 哪些地方需要改进？		
综合评价			

拓 展 训 练

帮助蛋糕师傅设计并打印一个可以旋转的蛋糕裱花台，蛋糕裱花台参考图片如图 8-23 所示。

图 8-23　蛋糕裱花台参考图片

拼插飞机的设计与打印

中心幼儿园计划举行劳技课堂，需要一些拼插类的益智玩具，请你根据拼插结构的原理，自主设计和打印一些拼插飞机。拼插飞机如图 9-1 所示。本项目将搜集常见的拼插飞机产品，分析拼插飞机的结构与功能，并利用 UG NX 1899 软件设计一个拼插飞机玩具，再将其打印出来；本项目重点练习 UG NX 1899 软件草图、拉伸、装配等命令，以及 3D 打印前处理、3D 打印机调平等内容。

图 9-1　拼插飞机

学习目标

知识目标

● 学会常见飞机的结构及拼插飞机的设计思路。

● 学会草图、拉伸、布尔运算、装配等命令的使用方法。

● 学会公差与配合相关知识。

● 学会 3D 打印机的调试与维护。

能力目标

● 能够将拼插飞机绘制为三维数字模型。

● 能够掌握拼插飞机设计的基本过程。

● 具有在设计方案基础上，用手工绘图表达设计创意的能力。

● 具有对设计产品的质量进行监控的能力。

● 具有调试和维护 3D 打印机的能力。

任务 9.1　方案设计

9.1.1　中国的航空航天事业

中国的航空航天事业取得了令世人瞩目的成就，也带动了一系列科学技术的进步，其中包括天文学、地球科学、生命科学、信息科学、能源技术、生物技术、信息技术、新材料新工艺等。同时，各种卫星应用技术、空间加工与制造技术、空间生物技术、空间能源技术大幅增强了人类认识和改造自然的能力，促进了生产力的发展。

航空航天技术的直接应用为人类可持续发展开辟了更广阔的道路，不仅提高了人类生活的质量，改善了人类的生活环境，还将发挥保护人类、保护地球的重要作用。例如，卫星通信技术为现代社会提供了电话、电报、传真、数据传输、电视转播、卫星电视教育、移动通信、数据收集、救援、电子邮政、远程医疗等上百种服务，使人类生活方式发生了重大改变。航空航天事业对国家的军事国防而言，占有中流砥柱的地位。航空航天事业的发展直接影响国家安全和国防力量。

航空航天技术作为高科技前沿技术，其产业化依赖于整个国民经济与社会生产力的发展水平，以及传统产业的支持。航空航天产业与传统产业之间有着相互渗透、相互促进、共同发展的关系。

如今，中国航空航天事业面临难得的发展机遇，因此将继续以大型飞机、载人航天和探月工程、中国第二代卫星导航系统，以及高分辨率对地观测系统等重大专项为引领，加强航空航天事业与全国工业和信息化系统的顶层衔接，促进军、民用技术相互转移和军、民融合式发展，全面振兴航空航天事业，不断扩大国际交流与合作，与世界同行共享发展成果。

9.1.2　拼插飞机设计参考

立体拼插主要靠拼插而不是胶水粘连。这是立体拼插的一大优势，拆开即可组装，无须辅助的粘连工具。但是，从灵活设计的角度看，也可以允许极少数的位置存在粘连或采用其他固定办法。

立体拼插要考虑好摩擦力。拼插中的摩擦力是固定整个结构的主要"黏合剂"。摩擦力如果不够，结构会太散。但是摩擦力也不是越大越好，如果一个地方拼插所受到的摩擦力过大，则可能会插不进去，或者拼插不到位，又或者拼插虽然到位，但是结构损坏发生变形。因此，摩擦力要控制在合理范围内，最好让整体结构不论怎么挪动、倒置，都不会有部件自行滑脱。在拼插时应该感受到在允许范围内的一定阻力。

拼插飞机在玩具市场上有很多类型，可以根据市场上拼接飞机的拼接原理，设计各个拼接部件和飞机的整体外形。在设计中需要控制好拼插飞机的规格，对飞机有一定认知和简化能力，而且要合理设计拼插结构的拼插位置，保证拼插飞机各部件拼接配合时有足够的摩擦力。拼插飞机设计如图 9-2 所示。

图 9-2 拼插飞机设计

9.1.3 草图设计

思考一下：拼插飞机的设计思路与呈现方式是什么？请记录在表 9-1 中。

表 9-1 拼插飞机的设计思路与呈现方式

设计思路（拼插飞机造型设计）	呈现方式（主要包括颜色、材料选择等）

任务 9.2 3D 建模

9.2.1 建模思路

拼插飞机 3D 建模思路如下。

9.2.2 知识链接——装配命令

机器、设备是由多个零部件组成的，在设计零部件之后，还要将它们装配起来，以组成完整的机械结构。装配是 UG NX 1899 软件中的一个重要命令，它不仅可以将零部件组合成产品，而且可以进行间隙分析、重量管理、在装配过程中进行设计等，也可以对完成装配的产品建立爆炸图，创建动画等。

自底向上装配是比较常用的装配方法，先设计好装配所需的部件，再将部件添加到装配体中，利用约束进行由底向上的逐级装配，下面介绍装配操作步骤。

　　1）单击"文件"选项卡中的"新建"按钮，弹出"新建"对话框，新建一个装配部件的几何模型，设置文件名、路径等，单击"确定"按钮，如图 9-3 所示。

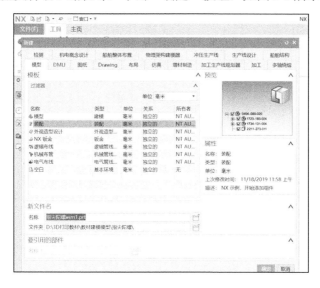

图 9-3　"新建"对话框

　　2）弹出"添加组件"对话框，如图 9-4 所示。在"要放置的部件"选项组中，单击"打开"按钮，选择需要打开的组件，完成后出现"组件预览"窗口，如图 9-5 所示。在"添加组件"对话框中单击"应用"按钮，系统将添加组件 1。

图 9-4　"添加组件"对话框

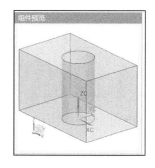

图 9-5　"组件预览"窗口 1

3）在"添加组件"对话框中的"要放置部件"选项组中，单击"打开"按钮，选择需要打开的组件，完成后弹出"组件预览"窗口，如图 9-6 所示，在"放置"选项组中，选中"移动"单选按钮，如图 9-7 所示，完成后弹出"点"对话框，在已添加的组件附近单击，最后在"添加组件"对话框中单击"应用"按钮，系统将添加组件 2。

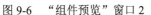

图 9-6 "组件预览"窗口 2

图 9-7 在"放置"选项组中选中"移动"单选按钮

4）单击"装配"选项卡上的"装配约束"按钮，弹出"装配约束"对话框，选择约束类型为接触对齐，在"要约束的几何体"选项组中的"方位"下拉列表框中选择"自动判断中心/轴"命令，设置"自动判断中心/轴"约束类型如图 9-8 所示。然后分别选择两个组件的中心轴线，单击"应用"按钮，添加"自动判断中心/轴"约束结果如图 9-9 所示。

图 9-8 设置"自动判断中心/轴"约束类型

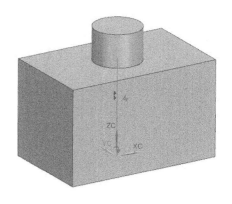

图 9-9 添加"自动判断中心/轴"约束结果

5）单击"装配"选项卡上的"装配约束"按钮，弹出"装配约束"对话框，选择约束类型为接触对齐，在"要约束的几何体"选项组中的"方位"下拉列表框中选择"对齐"命令，如图 9-10 所示，分别选取两个组件的上表面，如图 9-11 所示，单击"应用"

按钮，添加"对齐"约束结果如图 9-12 所示。

此外，在选择自底向上装配方法进行装配时，首先可将需要装配的多个组件一起导入，在"位置"选项组中的"组件锚点"下拉列表框中选择"绝对坐标系"命令，在"设置"选项组中选中"互动选项"复选框，然后进行组件装配。设置添加多个组件如图 9-13 所示。

图 9-10 设置"对齐"约束类型

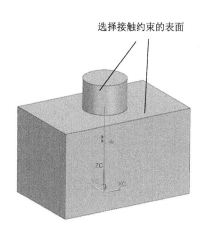

图 9-11 选取两组件约束面

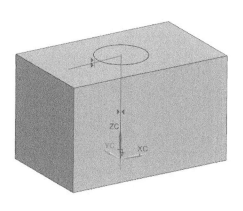

图 9-12 添加"对齐"约束结果

图 9-13 设置添加多个组件

9.2.3　拼插飞机的图纸与 3D 建模步骤

拼插飞机的图纸如图 9-14～图 9-23 所示。

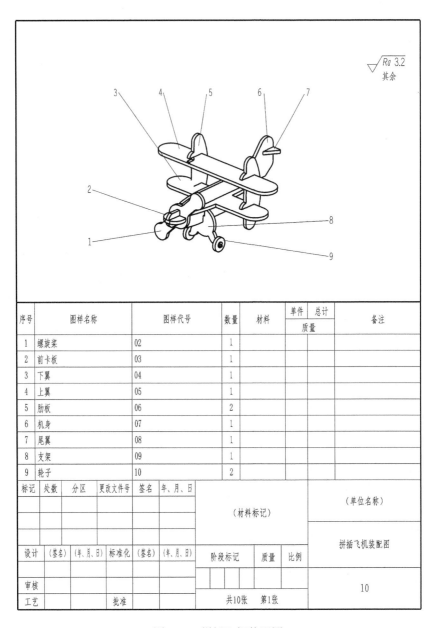

序号	图样名称	图样代号	数量	材料	单件	总计	备注
					质量		
1	螺旋桨	02	1				
2	前卡板	03	1				
3	下翼	04	1				
4	上翼	05	1				
5	肋板	06	2				
6	机身	07	1				
7	尾翼	08	1				
8	支架	09	1				
9	轮子	10	2				

图 9-14　拼插飞机装配图

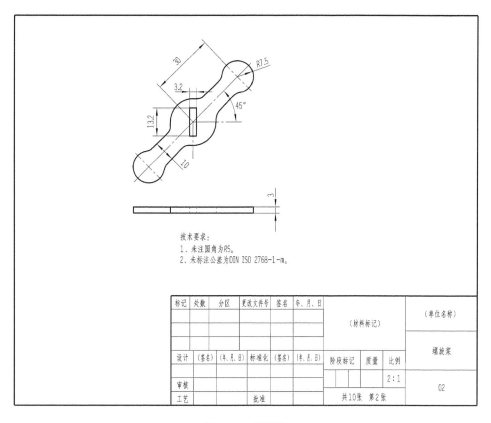

图 9-15 螺旋桨

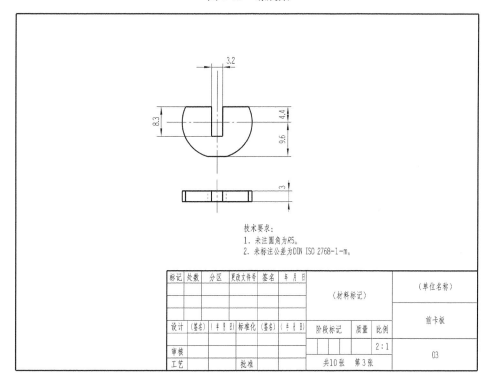

图 9-16 前卡板

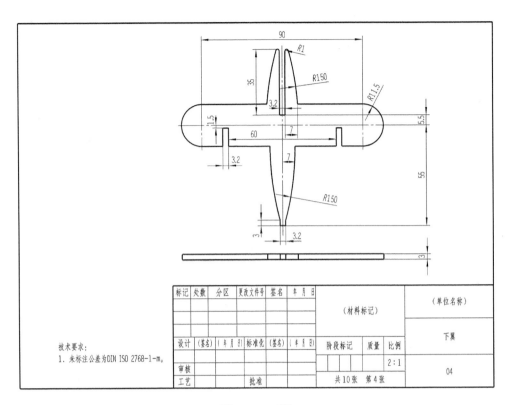

图 9-17 下翼

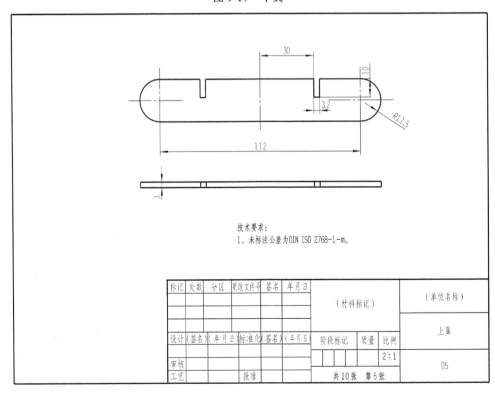

图 9-18 上翼

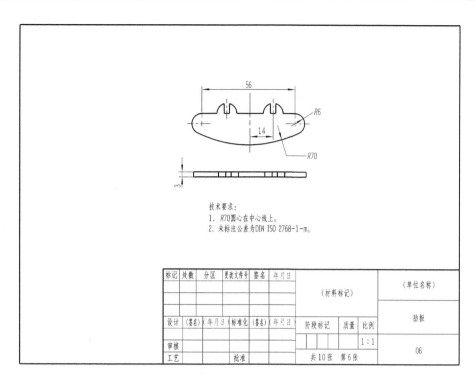

图 9-19　肋板

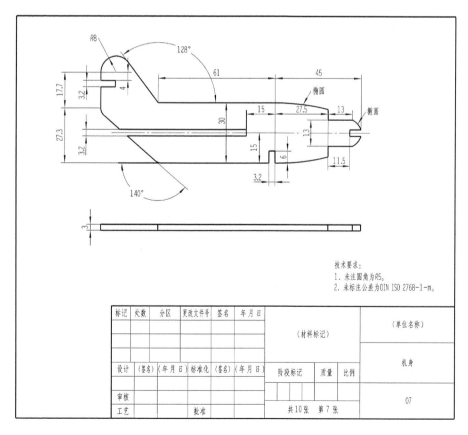

图 9-20　机身

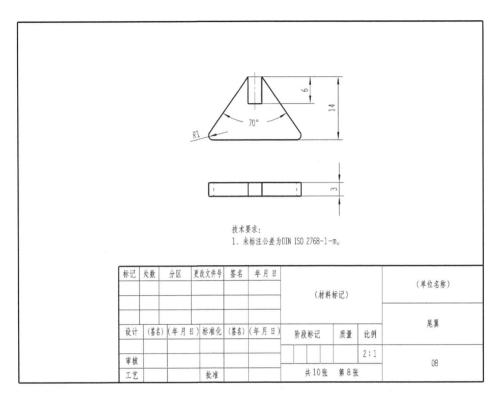

技术要求：
1. 未标注公差为DIN ISO 2768-1-m。

标记	处数	分区	更改文件号	签名	年月日	（材料标记）		（单位名称）
								尾翼
设计	(签名)	(年月日)	标准化	(签名)	(年月日)	阶段标记	质量	比例
审核								2:1	08
工艺			批准			共10张　第8张		

图 9-21　尾翼

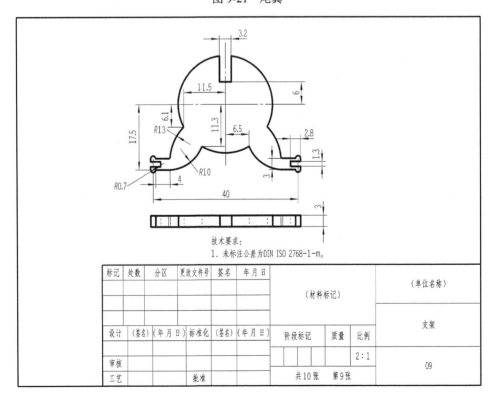

技术要求：
1. 未标注公差为DIN ISO 2768-1-m。

标记	处数	分区	更改文件号	签名	年月日	（材料标记）		（单位名称）
								支架
设计	(签名)	(年月日)	标准化	(签名)	(年月日)	阶段标记	质量	比例
审核								2:1	09
工艺			批准			共10张　第9张		

图 9-22　支架

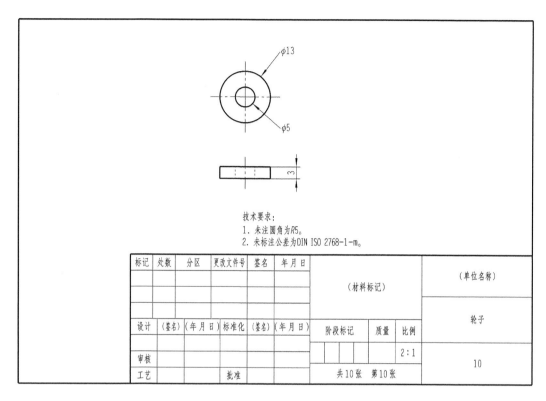

图 9-23 轮子

拼插飞机 3D 建模步骤如下。

1）绘制机身、螺旋桨、前卡板、尾翼的三维数字模型，并导出为 STL 格式文件，如图 9-24～图 9-27 所示。

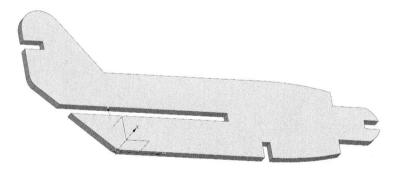

图 9-24 机身三维数字模型

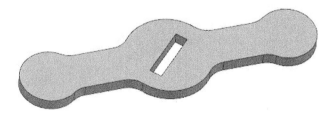

图 9-25 螺旋桨三维数字模型

图 9-26　前卡板三维数字模型

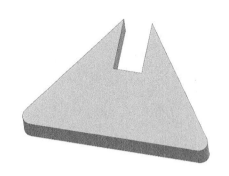
图 9-27　尾翼三维数字模型

2）绘制上翼、下翼、支架、轮子和肋板的三维数字模型，并导出为 STL 格式文件，如图 9-28～图 9-32 所示。

图 9-28　上翼三维数字模型

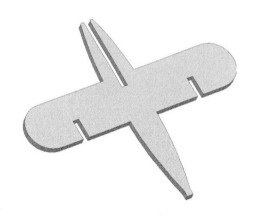
图 9-29　下翼三维数字模型

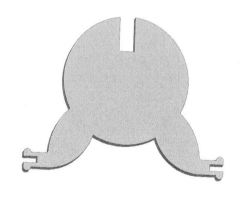
图 9-30　支架三维数字模型

图 9-31　轮子三维数字模型

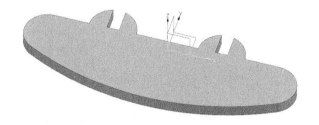
图 9-32　肋板三维数字模型

任务 9.3 ｜ 3D 打印

9.3.1　知识链接——3D 打印机维护

长时间不保养 3D 打印机，则会出现一些小问题甚至是大问题，但只要做好一些关键部件的日常保养工作，就可以避免重大故障的产生。那么该如何进行日常保养工作呢？下面举例说明几点。

1. 定期清洁喷头电机

不管是由于底板间隙过小、喷头中留有残余杂质、采用线材与转换参数有误等缘故导致的喷头堵塞，还是线盘缠绕打结导致喷头无法喷出线材，都会让喷头电机跑偏空转，送料齿轮与线材摩擦形成的碎渣沉积在挤出结构中会干扰送料，并有可能掉入喷头进料口，卡住进入喷头的线材。因此，建议 3D 打印机正常工作 1 个月就做一次喷头电机的清洁。如果 3D 打印机每天高强度工作 20h，则建议每半个月做一次喷头电机的清洁。

2. 定期保养光轴

3D 打印机的 X 轴与 Y 轴（水平方向上的两个轴）部件在打印时做高速运转。为减少摩擦力与噪声，在出厂时 3D 打印机的全部光轴上均已擦抹润滑脂。建议每 2 个月或觉得 3D 打印机噪声增大时，从配件盒中找出润滑脂盒，在打印机的全部光轴上擦抹一层润滑脂。如果 3D 打印机工作强度高，建议每 1 个月做一次光轴保养。

3. 定期保养 Z 轴丝杆

3D 打印机的 Z 轴（垂直方向上的轴）由丝杆驱动。如果 3D 打印机在工作一段时间后，出现 Z 轴平台上下运动时的噪声增大的现象，可将机油或普通润滑油在丝杆上从上至下滴几滴，随后进入 3D 打印机控制面板，手动操纵 Z 轴电机做 10 次上下运动，让机油或普通润滑油均匀地涂抹到 Z 轴丝杆的表面。

4. 定期维护同步齿形带轮固定螺钉

3D 打印机的 X 轴与 Y 轴由同步齿形带驱动做高速运转。同步齿形带连轴上的同步齿形带轮在长时间的急速正、反转切换中很有可能发生松动。建议每个月用 1.5mm 内六角扳手对全部同步齿形带轮的固定螺钉进行一次拧紧加固。

5. 同步齿形带拉紧

3D 打印机在工作一年后，同步齿形带有可能因长时间高强度拉伸发生轻微的松弛，这将导致其干扰喷头的定位精度。这时需要对同步齿形带再次拉紧定位。

对 X 轴的同步齿形带进行拉紧，应先断掉喷头加热组件插头，用 2.5mm 内六角扳手拧下喷头定位铝块底部的两个螺钉，将喷头套件整个从支架上取下。从底部拧松支架上同步齿形带盖板左侧的锁紧螺钉，将同步齿形带取下后使劲拉紧，再次插入定位槽中，从底部锁紧螺钉，装回喷头套件并连接喷头加热组件插头。

　　对 Y 轴的同步齿形带进行拉紧，应先用 1.5mm 内六角扳手拧松同步齿形带连轴上的 4 个同步齿形带轮固定螺钉，将靠近前门一侧的同步齿形带从定位槽中拉出，使劲拉紧后再次插入定位槽。将 X 轴平台推至 Y 轴靠近前门端的位置，利用游标卡尺测量 X 轴平台两端是否与前侧横梁平行，最后再锁紧全部同步齿形带轮的固定螺钉。

　　最后，在打印完成后要及时做好清洁工作，3D 打印机的喷头、平台、导轨、电机、风扇等部件上面的污垢要清理干净，不要使污垢长时间积累造成最后清理困难和磨损严重。

9.3.2　拼插飞机 3D 打印与装配工作指导

　　拼插飞机 3D 打印与装配工作指导如表 9-2 所示。

表 9-2　拼插飞机 3D 打印与装配工作指导

步骤		结果图示
1. 文件切片	① 在菜单栏中选择"文件"|"打开文件"命令，选择要打印的 STL 格式文件，将其导入切片软件	
	② 位置摆放：避免将三维实体细节部分朝下，尽量采用三维实体自身结构作支撑	
	③ 打印参数设置：在"打印设置"对话框中的"配置文件"下拉列表框中选择"Standard Quality-0.2mm"命令；"层高"设置为 0.2mm；"支撑"设置为无支撑；在"打印平台附着类型"下拉列表框中选择"Skirt"命令，其他参数采用默认值	
	④ 预览并保存切片文件：单击"切片"按钮，完成切片工作；单击"预览"按钮，预览打印结果；单击"保存到磁盘"，把 G-code 格式文件保存到 U 盘	
2. 打印三维数字模型	3D 打印机打印三维数字模型，设置喷嘴温度为 205℃，热床温度为 50℃，选择文件，开始打印	

续表

步骤	结果图示
3. 后处理	① 去除支撑。用斜口钳去掉大的支撑；用刀笔去除小的支撑 ② 用砂纸进行表面打磨 ③ 打磨光滑后，喷漆上色 ④ 装配

将设置的打印参数记录在表 9-3 中，以便于在打印完成后进行质量检查。在打印过程中出现问题时，可查看打印参数，再次打印时可调整相应参数，进行对比。每次打印完成后，基于最终三维实体进行整体打印参数的总结。

表 9-3 拼插飞机打印参数表

序号	打印参数名称	数值	备注
1	层厚		
2	壁厚		
3	顶／底层厚度		
4	填充密度		
5	挤出温度		
6	平台温度		
7	填充线间距		
8	支撑类型		
9	有无底座		

总结

实 训 评 价

实训评价表如表 9-4 所示。

表 9-4 实训评价表

评价项目	评价依据	学生自评得分	教师评价得分
草图设计模块（20 分）	设计思路清晰		
3D 建模模块（30 分）	熟练运用草图、拉伸、装配等命令		
3D 打印模块（25 分）	能熟练打印三维数字模型，并保养 3D 打印机		
成果展示模块（15 分）	展示效果		
团队精神（10 分）	团队意识和合作精神		
任务反思	哪些地方做得比较好？ 哪些地方需要改进？		
综合评价			

拓 展 训 练

设计并打印一辆简易手推车。简易手推车参考图片如图 9-33 所示。

图 9-33　简易手推车参考图片

发条小车的设计与打印

发条小车是一种利用发条的反作用弹力为动力的车辆。学校李老师需要一辆发条小车帮助同学们理解发条结构，你能帮助李老师设计一辆发条小车吗？发条小车如图 10-1 所示。本项目将搜集常见的发条小车产品，分析发条小车的结构与功能，并利用 UG NX 1899 软件设计一辆发条小车，并将其打印出来；本项目重点练习 UG NX 1899 软件草图、齿轮建模、装配等命令，以及 3D 打印后处理、3D 打印件装配等内容。

图 10-1　发条小车

学习目标

知识目标

- 学习发条小车的常见结构及设计思路。
- 学会机械常识。
- 学会拉伸、布尔运算、齿轮建模等命令的使用方法。
- 学会公差与配合相关知识。
- 学会 3D 打印成型知识。
- 学会 3D 打印机后处理知识。

能力目标

- 能够将生活中常见的发条小车绘制为三维数字模型。
- 能够掌握发条小车设计的基本过程。
- 具有在设计方案基础上，用手工绘图表达设计创意的能力。
- 具有对设计产品的质量进行监控的能力。
- 能够掌握 UG NX 1899 软件中齿轮建模、装配等命令。
- 具有对成型件进行后处理的能力。

任务 10.1   方 案 设 计

10.1.1   发条的原理

发条是发动机器的一种装置，其原理是卷紧片状钢条，利用其弹力在逐渐松开时产生动力。机械钟、表和发条玩具里都装有发条。

发条是由不锈钢等材料制作而成，具有高强度、高弹性系数、高疲劳强度、耐腐蚀及防磁等优点。发条在自由状态时是一个螺旋形或 S 形的弹簧，其内端有一个小孔，套在发条轴的钩上；其外端通过发条外钩，钩在发条盒轮的内壁上。在上发条时，通过发条拨针使发条轴旋转而将发条卷紧在发条轴上，发条的弹性作用使发条盒轮转动，从而驱动传动系统。

发条工作的物理原理：发条是利用其储存的弹性势能和动能的相互转换以带动机械或玩具运动。发条原理如图 10-2 所示。

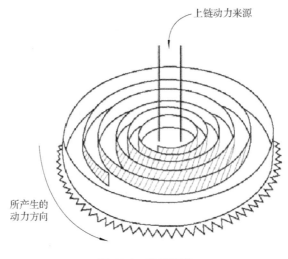

图 10-2   发条原理

对于发条产品而言，发条系统储存着整个产品的全部能量，通过轮系将这些能量源源不断地输出到各种具有复杂功能的部分。这些部分的高效运作，是以发条稳定流畅地输出能量为基础的。发条储存的能量对于精细部件来说是巨大的。为了更好地驾驭发条这匹"野马"，工程师不断进行摸索改进，历经 500 多年，才将发条发展成为今天这种近乎完美的系统。

10.1.2   发条小车设计参考

发条小车使用的是定扭力发条，定扭力发条是用不锈钢弹簧卷制而成。外力将弹簧由自然状态反卷至输出轮（蓄能），当外力去除，弹簧便会恢复自然状态，同时在输出轮产生（释放）定扭力（储存弹力），所以称为定扭力发条。定扭力发条相较于动力（涡卷）发条的优点是其定扭力不会因回转圈数的增加而改变，因此，没有回转圈数的限制。多回转圈数设计多采用定扭力发条，无效回转圈数少，可储存较多能量，效率较高。

　　要想设计一辆发条小车，首先要了解发条小车的结构，观察发条小车各部分的结构和作用，包括车架、车身、车轴、车轮等，利用已有的经验、知识和技能去设计一辆发条小车并绘制设计图。发条小车设计如图 10-3 所示。

图 10-3　发条小车设计

10.1.3　草图设计

　　思考一下：发条小车的设计思路与呈现方式是什么？请记录在表 10-1 中。

表 10-1　发条小车的设计思路与呈现方式

设计思路（发条小车造型设计）	呈现方式（主要包括颜色、材料选择等）

任务 10.2　3D 建模

10.2.1　建模思路

　　发条小车 3D 建模思路如下。

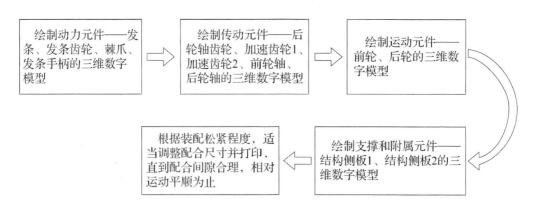

10.2.2　知识链接——GC 工具箱

UG NX 1899 软件中的 GC 工具箱提供了一系列有效提升三维数字模型质量、提高设计效率的工具。在"主页"选项卡中主要提供了"标准化工具-GC 工具箱""齿轮建模-GC 工具箱""弹簧工具-GC 工具箱""加工准备-GC 工具箱""建模工具-GC 工具箱""尺寸快速格式化工具-GC 工具箱"等选项组，如图 10-4 所示。

图 10-4　"主页"选项卡

下面重点介绍"齿轮建模-GC 工具箱"选项组。

"主页"选项卡中的"齿轮建模-GC 工具箱"选项组中提供了齿轮建模工具，包括"柱齿轮建模""锥齿轮建模""显示齿轮类型"三个命令。其中，"显示齿轮类型"用于显示选定齿轮类型。

1）新建一个三维数字模型文件，使用柱齿轮命令，系统弹出"渐开线圆柱齿轮建模"对话框，如图 10-5 所示，选中"创建齿轮"单选按钮，单击"确定"按钮。

2）在弹出的"渐开线圆柱齿轮类型"对话框中设置渐开线圆柱齿轮类型。在本例中分别选中"直齿轮""外啮合齿轮""滚齿"单选按钮，单击"确定"按钮，如图 10-6 所示。

图 10-5　"渐开线圆柱齿轮建模"对话框　　　　图 10-6　"渐开线圆柱齿轮类型"对话框

3）设置渐开线圆柱齿轮参数，如图 10-7 所示，完成后单击"确定"按钮。

4）系统弹出"矢量"对话框，在"类型"选项组的"类型"下拉列表框中选择"ZC轴"命令，如图 10-8 所示，单击"确定"按钮。

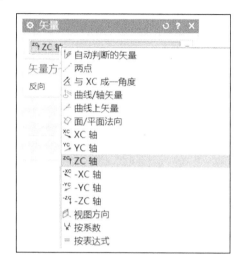

图 10-7　"渐开线圆柱齿轮参数"对话框　　　　　图 10-8　"矢量"对话框

5）完成矢量选择，弹出"点"对话框，将"点位置"的绝对坐标值设置为 X=0、Y=0、Z=0，如图 10-9 所示，单击"确定"按钮，完成直齿渐开线圆柱齿轮的创建，如图 10-10 所示。

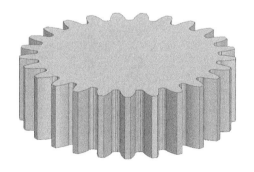

图 10-9　"点"对话框　　　　　　　　图 10-10　直齿渐开线圆柱齿轮

10.2.3　发条小车的图纸与 3D 建模步骤

发条小车的图纸如图 10-11～图 10-25 所示。

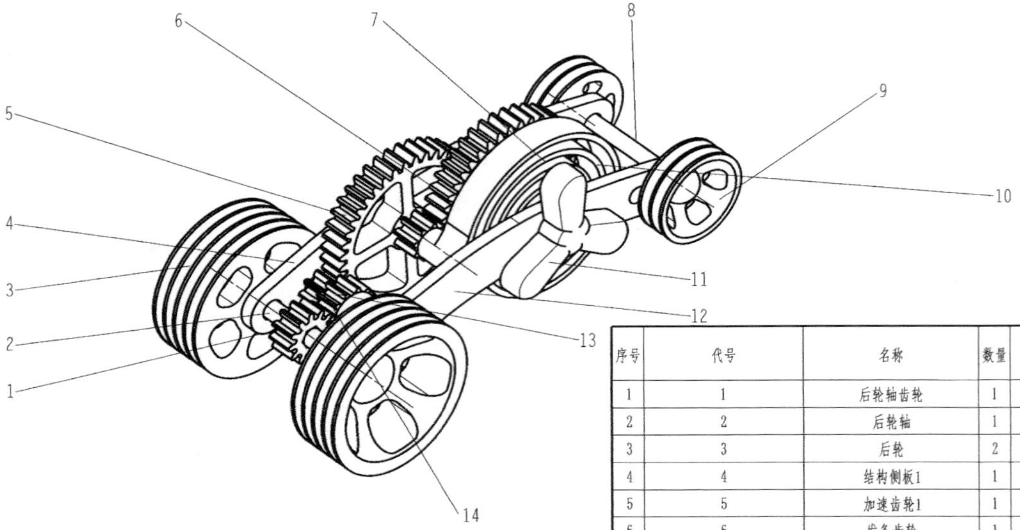

技术要求：
1. 去除毛刺飞边。
2. 锐角倒钝。
3. 各零部件装配后相对位置应准确。
4. 零件在装配前必须清理和清洗干净，不得有毛刺、飞边、氧化皮、锈蚀、切屑、砂粒、灰尘和油污等，并应符合相应清洁度要求。
5. 所有零部件（包括外购、外协件）必须具有检验合格证方能进行装配。
6. 相对运动的零件，装配时接触面间应加润滑油脂。
7. 装配过程中零件不得磕碰、划伤和锈蚀。

序号	代号	名称	数量	材料	单件	总质量	备注
1	1	后轮轴齿轮	1				
2	2	后轮轴	1				
3	3	后轮	2				
4	4	结构侧板1	1				
5	5	加速齿轮1	1				
6	6	发条齿轮	1				
7	7	棘爪	1				
8	8	前轮轴	1				
9	9	前轮	2				
10	10	发条	1				
11	11	发条手柄	1				
12	12	结构侧板2	1				
13	13	加速齿轮2	1				
14	14	轴	1				

标记	处数	分区	更改文件号	签名	年、月、日	（材料标记）			（单位名称）
设计	（签名）	（年、月、日）	标准化	（签名）	（年、月、日）	阶段标记	质量	比例	发条小车装配图
审核									15
工艺			批准			共15张	第1张		

图 10-11 发条小车装配图

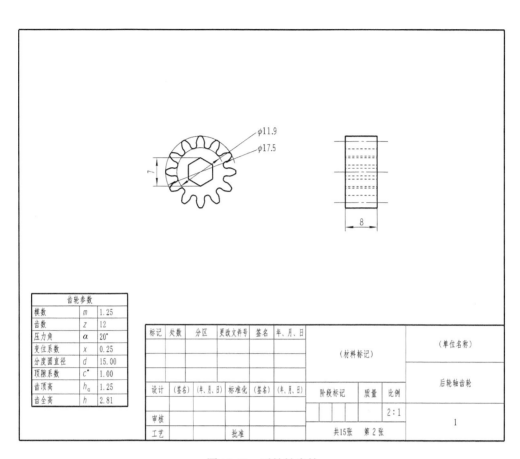

齿轮参数		
模数	m	1.25
齿数	z	12
压力角	α	20°
变位系数	x	0.25
分度圆直径	d	15.00
顶隙系数	c^*	1.00
齿顶高	h_a	1.25
齿全高	h	2.81

图 10-12 后轮轴齿轮

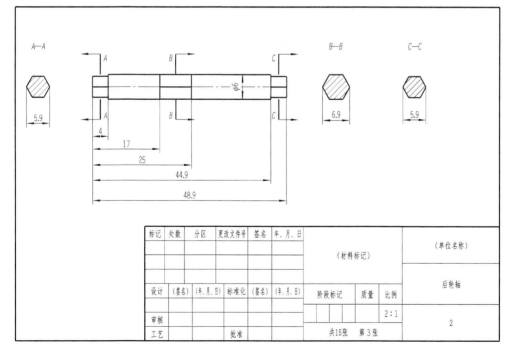

图 10-13 后轮轴

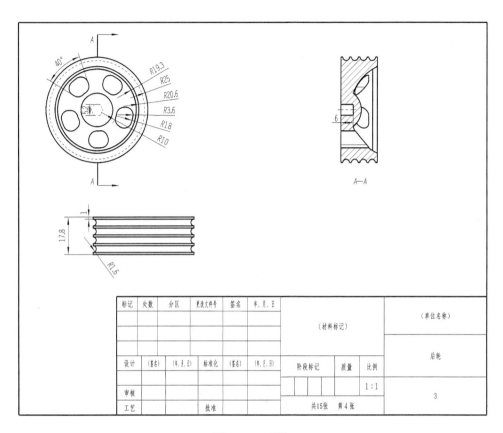

图 10-14　后轮

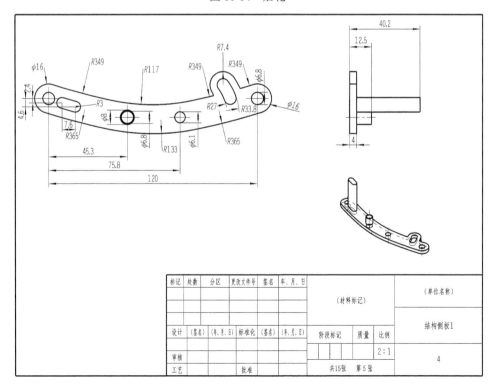

图 10-15　结构侧板 1

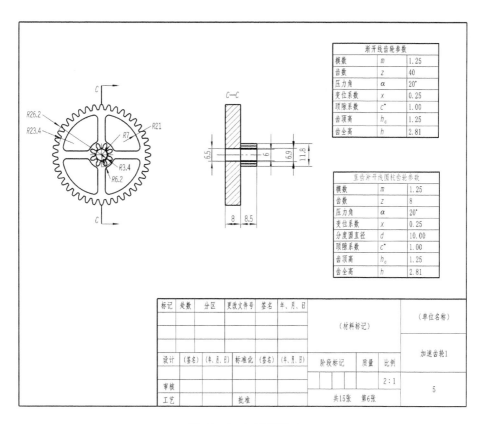

渐开线齿轮参数		
模数	m	1.25
齿数	z	40
压力角	α	20°
变位系数	x	0.25
顶隙系数	c^*	1.00
齿顶高	h_a	1.25
齿全高	h	2.81

直齿渐开线圆柱齿轮参数		
模数	m	1.25
齿数	z	8
压力角	α	20°
变位系数	x	0.25
分度圆直径	d	10.00
顶隙系数	c^*	1.00
齿顶高	h_a	1.25
齿全高	h	2.81

标记	处数	分区	更改文件号	签名	年、月、日			(单位名称)
						(材料标记)		
								加速齿轮1
设计	(签名)	(年、月、日)	标准化	(签名)	(年、月、日)	阶段标记	质量 比例	
审核							2:1	5
工艺			批准			共15张 第6张		

图 10-16　加速齿轮 1

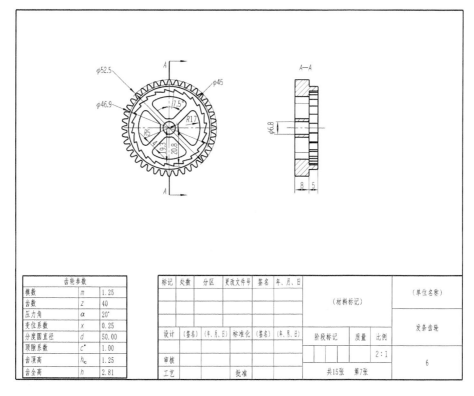

齿轮参数		
模数	m	1.25
齿数	z	40
压力角	α	20°
变位系数	x	0.25
分度圆直径	d	50.00
顶隙系数	c^*	1.00
齿顶高	h_a	1.25
齿全高	h	2.81

标记	处数	分区	更改文件号	签名	年、月、日			(单位名称)
						(材料标记)		
								发条齿轮
设计	(签名)	(年、月、日)	标准化	(签名)	(年、月、日)	阶段标记	质量 比例	
审核							2:1	6
工艺			批准			共15张 第7张		

图 10-17　发条齿轮

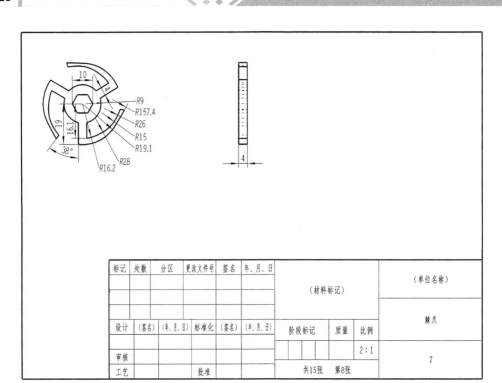

图 10-18 棘爪

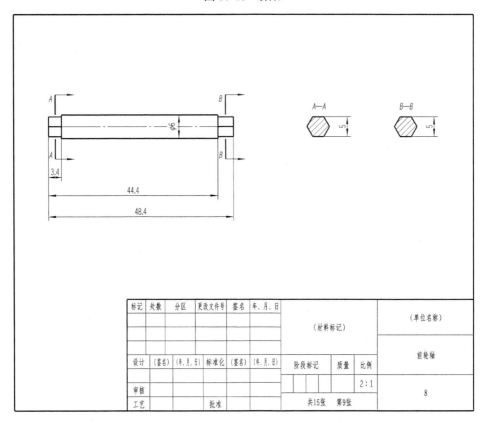

图 10-19 前轮轴

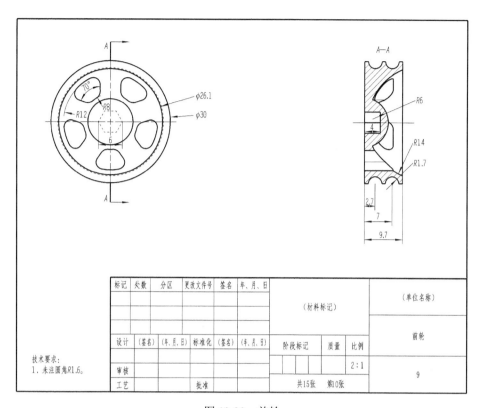

技术要求:
1. 未注圆角R1.6。

图 10-20　前轮

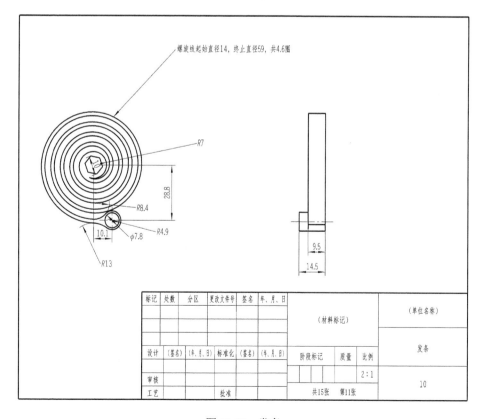

图 10-21　发条

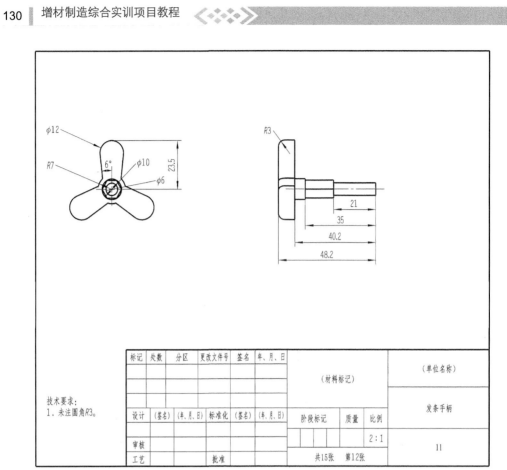

技术要求:
1. 未注圆角R3。

标记	处数	分区	更改文件号	签名	年、月、日				(单位名称)
							(材料标记)		
									发条手柄
设计	(签名)	(年、月、日)	标准化	(签名)	(年、月、日)	阶段标记	质量	比例	
								2:1	11
审核									
工艺			批准			共15张	第12张		

图 10-22　发条手柄

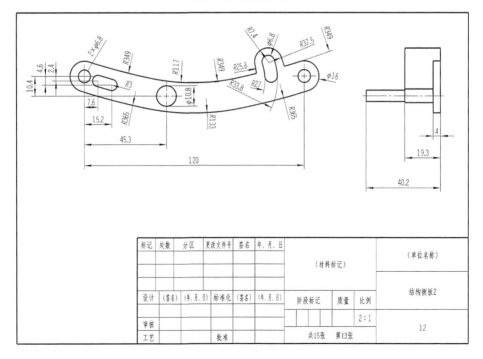

标记	处数	分区	更改文件号	签名	年、月、日				(单位名称)
							(材料标记)		
									结构侧板2
设计	(签名)	(年、月、日)	标准化	(签名)	(年、月、日)	阶段标记	质量	比例	
								2:1	12
审核									
工艺			批准			共15张	第13张		

图 10-23　结构侧板 2

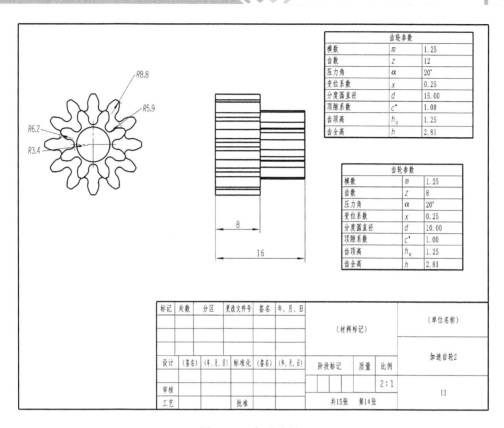

齿轮参数		
模数	m	1.25
齿数	z	12
压力角	α	20°
变位系数	x	0.25
分度圆直径	d	15.00
顶隙系数	c^*	1.00
齿顶高	h_a	1.25
齿全高	h	2.81

齿轮参数		
模数	m	1.25
齿数	z	8
压力角	α	20°
变位系数	x	0.25
分度圆直径	d	10.00
顶隙系数	c^*	1.00
齿顶高	h_a	1.25
齿全高	h	2.81

标记	处数	分区	更改文件号	签名	年、月、日		(材料标记)		(单位名称)
									加速齿轮2
设计	(签名)	(年、月、日)	标准化	(签名)	(年、月、日)	阶段标记	质量	比例	
审核								2∶1	13
工艺			批准			共15张　第14张			

图 10-24　加速齿轮 2

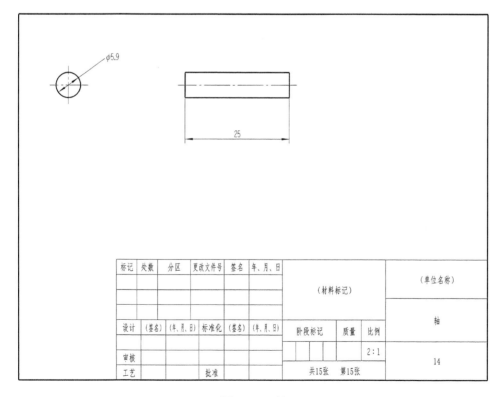

标记	处数	分区	更改文件号	签名	年、月、日		(材料标记)		(单位名称)
									轴
设计	(签名)	(年、月、日)	标准化	(签名)	(年、月、日)	阶段标记	质量	比例	
审核								2∶1	14
工艺			批准			共15张　第15张			

图 10-25　轴

发条小车 3D 建模步骤如下。

1）绘制动力元件——发条、发条齿轮、棘爪、发条手柄的三维数字模型，如图 10-26～图 10-29 所示。

图 10-26 发条三维数字模型

图 10-27 发条齿轮三维数字模型

图 10-28 棘爪三维数字模型

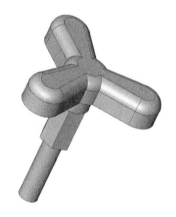

图 10-29 发条手柄三维数字模型

2）绘制传动元件——后轮轴齿轮、加速齿轮 1、加速齿轮 2、前轮轴、后轮轴、轴的三维数字模型，如图 10-30～图 10-35 所示。

图 10-30 后轮轴齿轮三维数字模型

图 10-31 加速齿轮 1 三维数字模型

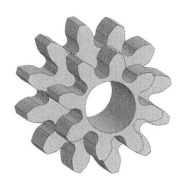

图 10-32　加速齿轮 2 三维数字模型

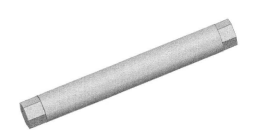

图 10-33　前轮轴三维数字模型

图 10-34　后轮轴三维数字模型

图 10-35　轴三维数字模型

3）绘制运动元件——前轮、后轮的三维数字模型，如图 10-36 和图 10-37 所示。

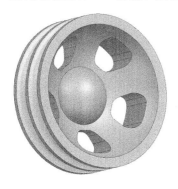

图 10-36　前轮三维数字模型

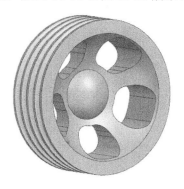

图 10-37　后轮三维数字模型

4）绘制支撑和附属元件——结构侧板 1、结构侧板 2 的三维数字模型，如图 10-38 和图 10-39 所示。

图 10-38　结构侧板 1 三维数字模型

图 10-39　结构侧板 2 三维数字模型

5）将各部件三维数字模型，分别导出为 STL 格式文件，并命名为相应部件名称。

任务 10.3　3D 打印

10.3.1　知识链接——3D 打印后处理

很多普通 3D 打印机的成型件都是有瑕疵的，表面通常比较粗糙，达不到预期精度，同时会造成一些成本的浪费，因此，需要进一步进行 3D 打印后处理。常见的 3D 打印后处理有如下几种。

1. 砂纸打磨

砂纸是应用最广泛的打磨工具，需要注意的是，在打磨前要先加一些水避免成型件表面温度过高而导致起毛。常用的砂纸型号有 400 号、600 号、800 号、1000 号、1200 号、1500 号，标号数字越小的砂纸颗粒越大。一般来说，打磨顺序是从低标号开始，但是因为成型件的表面粗糙度不同，也可以无须完全按固定的顺序进行打磨。例如，可以用 400 号砂纸打磨后直接用 800 号砂纸打磨，这主要还是根据实际情况来判断。

2. 丙酮抛光

丙酮可以溶解 ABS，因此，ABS 成型件可以利用丙酮蒸汽熏蒸的方式进行抛光。PLA 则不能用丙酮抛光。需要注意的是丙酮是一种有害化学物质，建议在通风良好的环境和佩戴防毒面具等安全措施的防护下完成操作。

3. PLA 抛光液

PLA 抛光液实际上是加水稀释过的亚克力胶水，主要成分是三氯甲烷或氯化烷的混合溶剂。将 PLA 抛光液放入操作器皿后，利用铁丝或绳索挂住成型件底座，将其浸泡于 PLA 抛光液中。浸泡时间不宜太长，8s 左右就可以。与丙酮一样，PLA 抛光液也是一种有毒物质，建议慎重使用。

4. 表面喷砂

表面喷砂也是应用较广泛的抛光方法，可以减少成型件表面的粗糙度。操作人员手执喷嘴对准成型件抛光，其原理是利用压缩空气为动力，将喷料以高速喷射束的形式喷到需要处理的成型件表面以实现抛光的作用，表面喷砂比砂线打磨效率要高，并且不管成型件大小与否，都能利用表面喷砂实现表面粗糙度的降低。

5. 黏合组装

一些超大尺寸和多部件或拆件打印的成型件，常常会需要黏合组装。在黏合时，最好以点涂的方式来涂抹胶水，随后用橡皮圈固定，这样可使黏合更为紧密。如果在黏合过程中碰到各部件之间有空隙或接触处毛糙的状况，还可以利用胶水或填料使其变得平滑。

6. 上色

喷漆法：操作较为简单，比较适宜小型成型件的上色或成型件细致部分的上色。为了能喷出理想的效果，在喷漆前要先试喷，检测操作、涂料浓度是否合适，这样做还可以有效防止资源浪费。利用喷漆法还可以将涂料均匀地喷在成型件表面，操作简单，节约时间。

手涂法：更适合处理成型件上复杂的细节。在上色时，需以十字交叉涂法往返平涂 2～3 遍，可使手绘时造成的笔纹减淡，令色彩匀称饱满。为了使涂料更流畅、色彩更匀称，还可以在涂料中滴入一些同品牌的溶剂完成稀释。

10.3.2　发条小车 3D 打印与装配工作指导

发条小车 3D 打印与装配工作指导如表 10-2 所示。

表 10-2　发条小车 3D 打印与装配工作指导

步骤	结果图示
1. 文件切片	① 在菜单栏中选择"文件"｜"打开文件"命令，选择要打印的 STL 格式文件，将其导入切片软件
	② 位置摆放：避免将三维实体细节部分朝下，尽量采用三维实体本身结构作支撑
	③ 打印参数设置：在"打印设置"对话框中的"配置文件"下拉列表框中选择"Standard Quality-0.2mm"命令；"层高"设置为 0.2mm；"支撑"设置为无支撑；在"打印平台附着类型"下拉列表框中选择"Skirt"命令，其他参数采用默认值
	④ 预览并保存切片文件：单击"切片"按钮，完成切片工作；单击"预览"按钮，预览打印结果；单击"保存到磁盘"按钮，把 G-code 格式文件保存到 U 盘
2. 打印三维数字模型	3D 打印机打印三维数字模型，设置喷嘴温度为 205℃，热床温度为 50℃，选择文件，开始打印
3. 后处理	① 去除支撑。用斜口钳去掉大的支撑；用刀笔去除小的支撑 ② 用砂纸进行表面打磨 ③ 打磨光滑后，喷漆上色 ④ 装配

（结果图示栏内容：①菜单栏"文件(F) 编辑(E) 视图(V) 设置(S)"，新建项目(N)... Ctrl+N、打开文件(O)... Ctrl+O、打开最近使用过的文件(R)、保存项目(S)... Ctrl+S、导出(E)...、导出选择、重新载入所有模型 F5、退出(Q)；②三维实体摆放图；③配置文件 Standard Quality · 0.2mm，质量，层高 0.2 mm，支撑，生成支撑，打印平台附着，打印平台附着类型 Skirt；④切片，12 小时 28 分钟，71g · 23.65m，预览，保存到磁盘）

将设置的打印参数记录在表 10-3 中, 以便于在打印完成后进行质量检查。在打印过程中出现问题时, 可查看打印参数, 再次打印时可调整相应参数, 进行对比。每次打印完成后, 基于最终三维实体进行整体打印参数的总结。

表 10-3   发条小车打印参数表

序号	参数名称	数值	备注
1	层厚		
2	壁厚		
3	顶 / 底层厚度		
4	填充密度		
5	挤出温度		
6	平台温度		
7	填充线间距		
8	支撑类型		
9	有无底座		

总结

实 训 评 价

实训评价表如表 10-4 所示。

表 10-4   实训评价表

评价项目	评价依据	学生自评得分	教师评价得分
设计模块（20 分）	设计思路清晰		
3D 建模模块（30 分）	熟练运用草图、齿轮建模、装配等命令		
3D 打印模块（25 分）	能熟练进行切片, 并打印三维数字模型		
成果展示模块（15 分）	展示效果		
团队精神（10 分）	团队意识和合作精神		
任务反思	哪些地方做得比较好？ 哪些地方需要改进？		
综合评价			

拓 展 训 练

设计并打印一辆发条玩具车。发条玩具车参考图片如图 10-40 所示。

图 10-40　发条玩具车参考图片

手摇发电机的设计与打印

　　物理课上，万老师需要一款手摇发电机，用来带学生们研究发电机的工作原理，你能帮助万老师设计一台手摇发电机吗？手摇发电机如图 11-1 所示。本项目将搜集常见的手摇发电机产品，分析手摇发电机的结构与功能，并利用 UG NX 1899 软件设计一台手摇发电机，再将其打印出来；本项目重点练习参数化设计、装配等命令，以及 3D 打印后处理、成型件装配等内容。

图 11-1　手摇发电机

学习目标

知识目标

- 学习手摇发电机的设计思路。
- 学会手摇发电机的工作原理。
- 学会同步齿形带的 3D 建模、参数化设计等命令。
- 学会测试轴、孔配合。
- 学会为成型件选择最佳紧固件。

能力目标

- 能够将生活中常见的手摇发电机绘制为三维数字模型。
- 能够掌握手摇发电机设计的基本过程。
- 具有在设计方案基础上，用手工绘图表达设计创意的能力。
- 具有对设计产品的质量进行监控的能力。
- 熟练掌握 UG NX 1899 软件的基本知识和常用命令的使用方法。
- 具有操作 3D 打印机配套软件对三维数字模型进行预处理的能力。

任务 11.1　方 案 设 计

11.1.1　制造业需要大国工匠

裴永斌是哈尔滨电气集团有限公司下属哈尔滨电机厂有限责任公司的首席技师，曾荣获"全国劳动模范""国务院国资委优秀共产党员""第九届中华技能大奖赛全国技术能手"等荣誉称号。

说起裴永斌，就不能不说他的拿手绝活——靠双手摸就能"测量"弹性油箱壁厚。弹性油箱是水轮发电机组的关键部件，承载着机组数千吨的重量。此外，它还要保证机组在运行时体态的稳定性，使其中心保持处于同一轴线上。如果发生偏移，则机组就会失去平衡，那么整座水电站都会彻底崩塌。弹性油箱的加工工艺极其复杂。在加工油箱内部时，刀架会遮挡入口；在加工过程中注入冷却液所产生的烟雾，会导致整个加工过程都处在雾里看花的状态，只能凭借仪表盘上的数据和个人经验来确定加工的尺寸和精度，加工难度之大可想而知。

弹性油箱内外圈的每一处壁厚，都要控制在 7mm，并且槽的形态又窄又深，表面粗糙度要求控制在 $Ra1.6\mu m$ 以上。检验成品质量是否合格，需要靠反光镜来测量内孔槽深的表面粗糙度，而裴永斌仅靠手摸就能测量油箱壁厚，其测量精度和效率甚至超过一些专用仪器。弹性油箱的加工精度是 0.01mm，而人类手指表皮厚度就已经超过 1mm。通过手摸检验与利用千分尺测量是一样的结果，这凭借的是长年累月的经验累积。迄今为止，裴永斌已经带领团队加工了超过 4000 件弹性油箱，没有出过一件废品。由于质量和诚信俱佳，因此，他的机台被授予公司首批"免检机台"的称号，他加工的工件无须检查就可以直接转往下一道工序。

在岗 30 年来，裴永斌凭借的不是耀眼的文凭，而是默默的坚守，孜孜以求，一直奋斗在生产一线，经历了国内外电站项目近百个，凭借高超的技术、高度的责任心，裴永斌带领团队解决了一个又一个用户急需、至关重要的生产难题。

职业教育是培养工匠的沃土。国务院新闻办公室于 2024 年 9 月 26 日（星期四）上午 10 时 30 分举行"推动高质量发展"系列主题新闻发布会，在发布会上，教育部副部长吴岩答记者问时，给出一组数据：职业教育每年培养超过 1000 万名毕业生；近年来，现代制造业、战略性新兴产业和现代服务业 70% 以上的新增一线从业人员来自职业院校。全国总工会最近 4 年评选出的 40 位"大国工匠年度人物"，有 32 位毕业于职业院校。2022 年评选出的 30 位中华技能大奖获奖者，有 18 位毕业于职业院校。从这些数据可以看出，职业院校确实是培养大国工匠、能工巧匠、高技能人才的主阵地。具备工匠精神的职业院校的学生将大有可为。

11.1.2　手摇发电机设计参考

手摇发电机是一种简单的发电机，主要由手摇发电机体和转子组成。手摇发电机是一种通过人力摇动手柄发电的装置，具有便携、可靠、环保等优点，可以在野外生存、紧急救援等情况下提供电力保障。制作手摇发电机需要掌握一定的电学知识和机械原理，才能确保制作的发电机能够正常工作。

要想设计一台手摇发电机，首先要了解手摇发电机的结构，观察手摇发电机各部分的结构和作用，包括底座、支架、电机、皮带、皮带轮、摇柄、灯泡、导线等，利用已有的经验、知识和技能去设计一台手摇发电机并绘制设计图。手摇发电机设计如图 11-2 所示。

图 11-2　手摇发电机设计

11.1.3　草图设计

思考一下：手摇发电机的设计思路与呈现方式是什么？请记录在表 11-1 中。

表 11-1　手摇发电机的设计思路与呈现方式

设计思路（手摇发电机造型设计）	呈现方式（主要包括颜色、材料选择等）

任务 11.2　3D 建模

11.2.1　建模思路

手摇发电机 3D 建模思路如下。

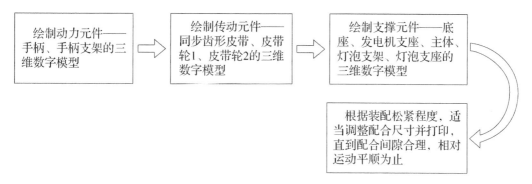

11.2.2　知识链接——参数化设计命令

参数化设计也称尺寸驱动，它不仅可使 CAD 系统具有交互式绘图功能，还具有自动绘图的功能。利用参数化设计手段开发的产品设计系统，可使设计人员从大量繁重而琐碎的绘图工作中解放出来，从而大大提高设计速度，并减少信息的存储量。应用参数化设计进行机械产品设计，能将已有的某种机械产品设计的经验和知识继承下来。参数化设计所生成的三维数字模型，其尺寸用对应关系表示，既赋予图形元素相应的变量，又不需要确定具体数值。若一个参数值发生变化，则所有与其相关的尺寸都将自动改变，并遵循约束条件。

接下来将通过一个例子来讲解 UG NX 1899 软件参数化设计的应用。

1）选择"菜单"|"工具"|"表达式"命令，弹出"表达式"对话框，在其中设置三维数字模型的尺寸，如图 11-3 所示。

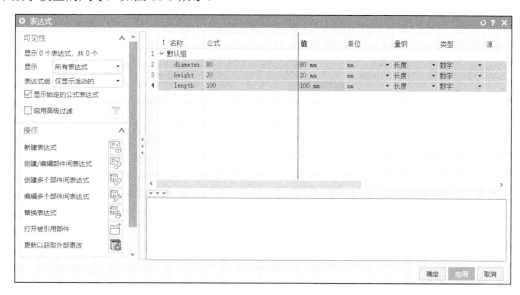

图 11-3　"表达式"对话框

2）将表达式的名称"length"输入要标注的尺寸上，就可以在 3D 建模时应用该表达式。利用表达式标注尺寸如图 11-4 所示，标注后的表达式参数列表如图 11-5 所示。

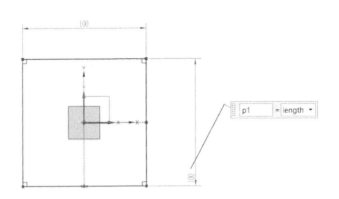

图 11-4　利用表达式标注尺寸

↑ 名称	公式	值	单位	量纲	类型
1 ∨ 默认组					
2			mm ▼	长度 ▼	数字 ▼
3	diameter 80	80 mm	mm	长度 ▼	数字
4	height 20	20 mm	mm	长度 ▼	数字
5	length 100	100 mm	mm	长度 ▼	数字
6	p0 length	100 mm	mm	长度 ▼	数字
7	p1 length	100 mm	mm	长度 ▼	数字

图 11-5　标注后的表达式参数列表

3）利用表达式 diameter 标注圆的尺寸，如图 11-6 所示。

4）拉伸草图，在"距离"文本框中输入表达式名称"height"，如图 11-7 所示。

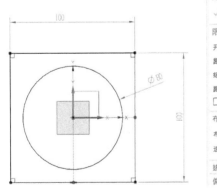

图 11-6　利用表达式标注圆的尺寸

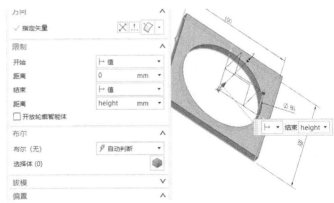

图 11-7　在"距离"中输入表达式名称

5）三维数字模型创建完成后，在"工具"选项卡中单击"部件族"按钮，打开"部件族"选项卡，如图 11-8 所示。

6）右击创建的表达式，弹出"Add at End"对话框，单击"确定"按钮，将创建的表达式添加到"选定的列"列表框中，如图 11-9 所示，单击"确定"按钮。

图 11-8　"部件族"选项卡

图 11-9　表达式添加到"选定的列"列表框中

7）完成上述步骤后，选择"工具"|"电子表格"命令，就能看到在表达式中创建的信息，表达式中创建的信息如图 11-10 所示。

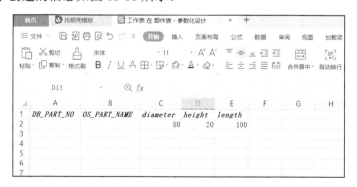

图 11-10　表达式中创建的信息

8）根据零件的需要，在表格中填入尺寸，编辑表达式尺寸如图 11-11 所示。

图 11-11　编辑表达式尺寸

9）输入尺寸后，在"部件族"下拉菜单中选择"保存族"命令，如图 11-12 所示。

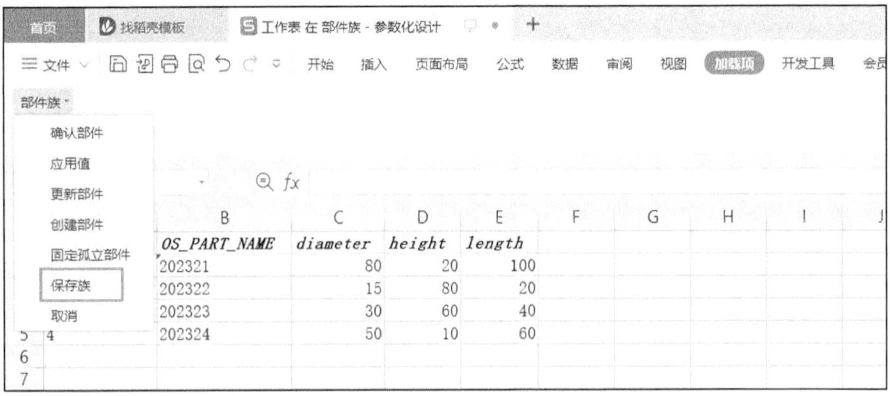

图 11-12 在"部件族"下拉菜单中选择"保存族"命令

10）在"部件族"下拉菜单中选择"创建部件"命令，选定尺寸，如图 11-13 所示，将 Excel 表格中所有尺寸批量转换成独立的三维数字模型文件，批量生成三维数字模型文件如图 11-14 所示。

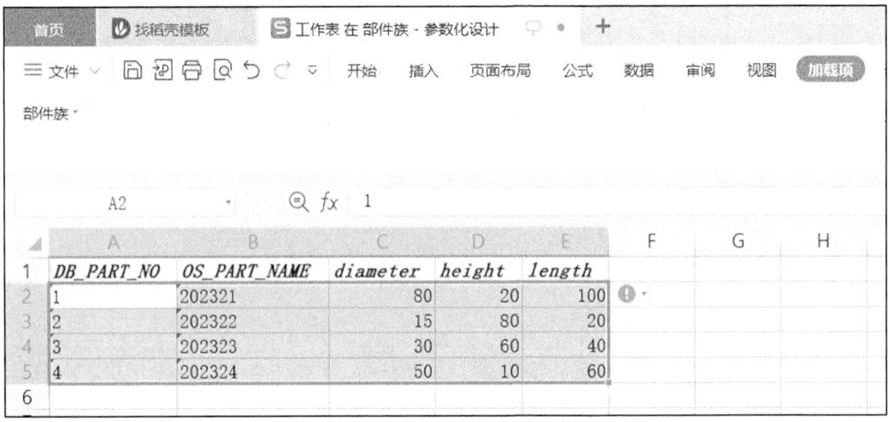

图 11-13 选定尺寸

图 11-14 批量生成三维数字模型文件

11.2.3 手摇发电机的图纸与 3D 建模步骤

手摇发电机的图纸如图 11-15～图 11-25 所示，另外需要购买 280 微型电机、灯泡、导线。

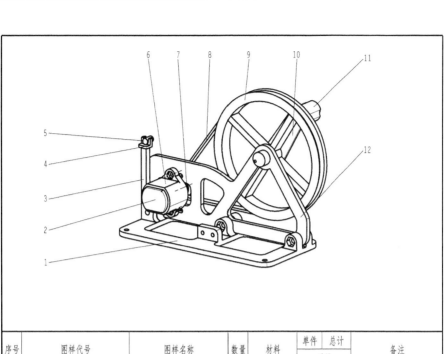

序号	图样代号	图样名称	数量	材料	单件	总计	备注
					质量		
1	01	底座	1				
2	02	发电机	1				
3	03	灯泡支架	1				
4	04	灯泡支座	1				
5	05	灯泡	1				
6	06	发电机支座	1				
7	07	皮带轮2	1				
8	08	同步齿形带	1				
9	09	皮带轮1	1				
10	10	手柄支架	1				
11	11	手柄	1				
12	12	主体	1				

标记	处数	分区	更改文件号	签名	年、月、日		（材料标记）		（单位名称）
									手摇发电机装配图
设计	（签名）	（年、月、日）	标准化	（签名）	（年、月、日）	阶段标记		质量	比例	
审核									1:2	11
工艺			批准			共11张　第1张				

图 11-15　手摇发电机装配图

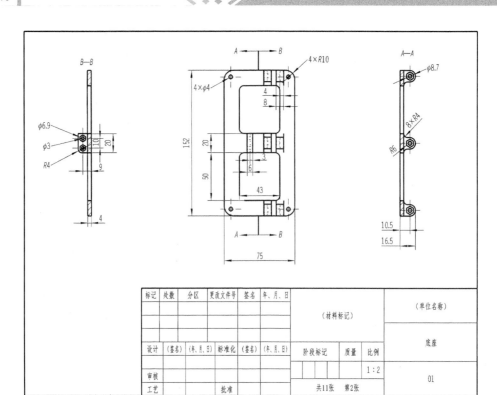

图 11-16　底座

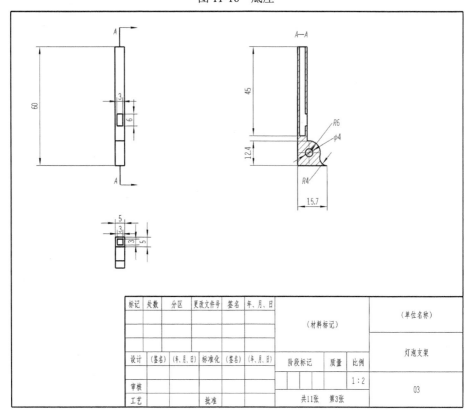

图 11-17　灯泡支架

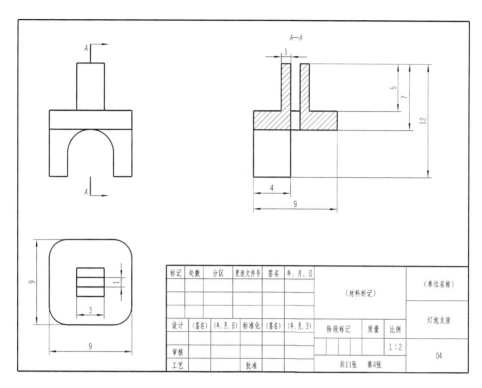

图 11-18 灯泡支座

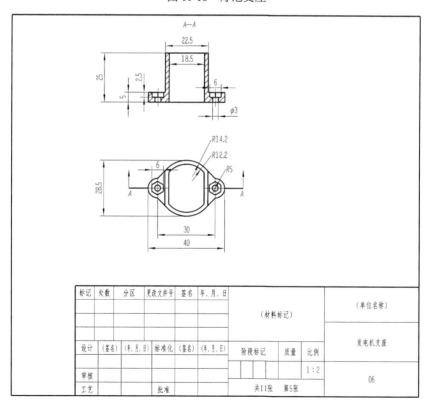

图 11-19 发电机支座

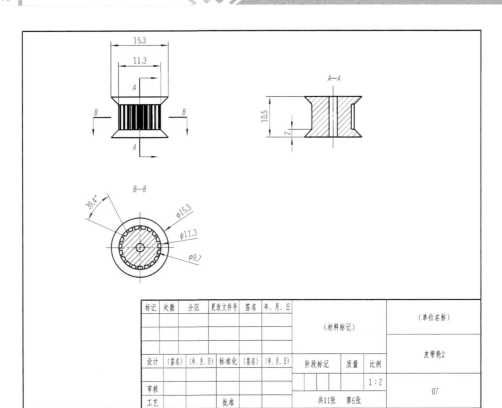

图 11-20　皮带轮 2

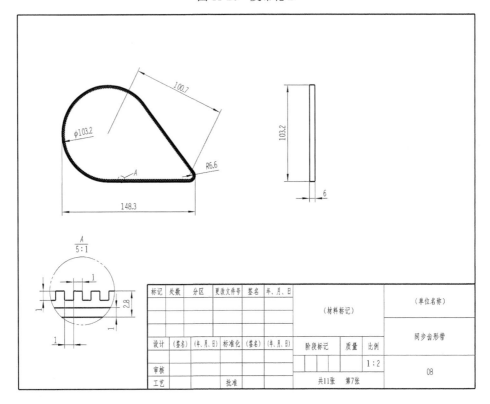

图 11-21　同步齿形带

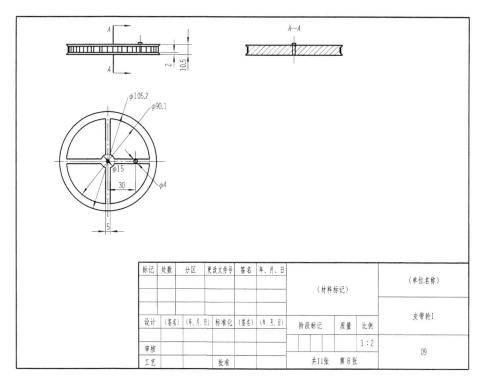

图 11-22　皮带轮 1

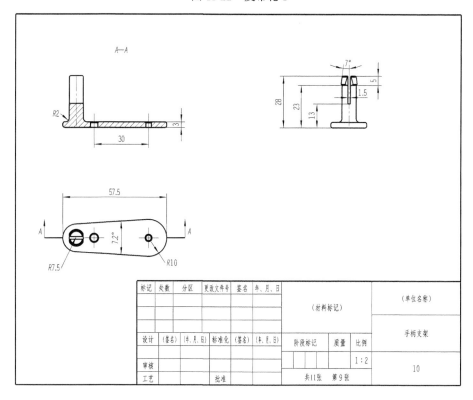

图 11-23　手柄支架

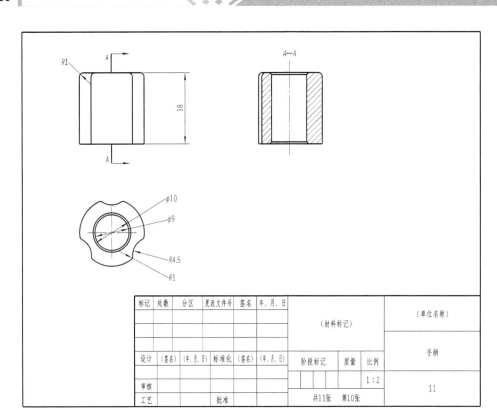

图 11-24 手柄

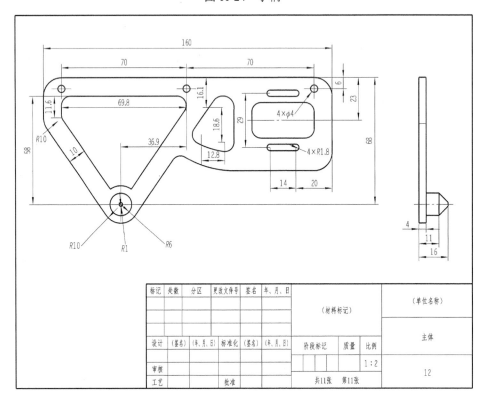

图 11-25 主体

手摇发电机 3D 建模步骤如下。

1）绘制动力元件——手柄、手柄支架的三维数字模型，如图 11-26 和图 11-27 所示。

图 11-26　手柄三维数字模型　　　　　　　图 11-27　手柄支架三维数字模型

2）绘制传动元件——同步齿形带、皮带轮 1、皮带轮 2 的三维数字模型，如图 11-28～图 11-30 所示。

图 11-28　同步齿形带三维　　　图 11-29　皮带轮 1 三维　　　图 11-30　皮带轮 2 三维
　　　　　数字模型　　　　　　　　　数字模型　　　　　　　　　数字模型

3）绘制支撑元件——底座、发电机支座、主体、灯泡支架、灯泡支座的三维数字模型，如图 11-31～图 11-35 所示。

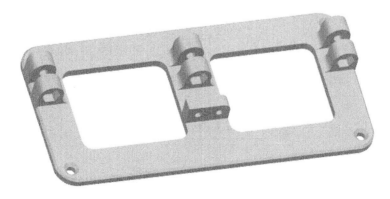

图 11-31　底座三维数字模型

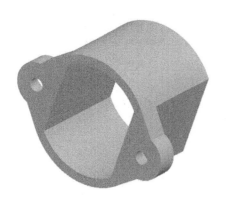

图 11-32　发电机支座三维数字模型

图 11-33　主体三维数字模型

图 11-34　灯泡支架三维数字模型

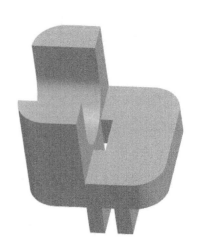

图 11-35　灯泡支座三维数字模型

4）将各部件三维数字模型分别导出为 STL 格式文件，并命名为相应部件名称。

任务 11.3　3D 打印

11.3.1　知识链接——利用螺纹紧固件组装 3D 打印部件

利用螺纹紧固件是组装 3D 打印部件的常用方法。螺纹紧固件可以快速装配和拆卸，并提供牢固的连接。

1. 螺纹嵌件

利用螺纹嵌件是组装 3D 打印部件的首选方法，也是常推荐的方法，因为它易于安装且手感极佳，螺纹嵌件连接如图 11-36 所示。该方法的优点是快速、简单、干净，可以无限组装、拆卸；其缺点是价格较贵，而且需要增加 3D 打印部件的壁厚。

图 11-36 螺纹嵌件连接

利用螺纹嵌件组装 3D 打印部件的材料和工具包括黄铜嵌件、烙铁、雕刻笔刀。组装步骤如下：①将黄铜嵌件放入要推入的孔中；②将加热的烙铁放在黄铜嵌件的中间并施加少量的压力；③黄铜嵌件变热会沉入孔中；④雕刻笔刀刀片与零件表面齐平，用其检查并修剪多余的材料。

2. 自攻螺纹

螺纹紧固件的另一种形式是自攻螺纹。自攻螺纹可提供快速装配，但不适用于需要经常组装、拆卸的零件。在组装 3D 打印部件时，可使用用于塑料的特殊自攻螺纹。自攻螺纹连接如图 11-37 所示。该方法的优点是安装方便、设计要求低、价格便宜；其缺点是脆性材料可能会破裂，不可无限组装、拆卸，强度低。自攻螺纹在 3D 打印部件上的底孔直径与公称直径的关系是：底孔直径等于公称直径减去 0.5～0.8mm，可根据实际需要具体调整。

图 11-37 自攻螺纹连接

利用自攻螺纹组装 3D 打印部件的材料和工具包括自攻螺丝、螺丝刀。组装步骤：将自攻螺丝对准想要连接紧固的位置，使螺丝刀的刀口对准自攻螺丝槽，直接用力挤压自攻螺丝，并顺时针旋转螺丝刀，将自攻螺丝整个旋转入 3D 打印部件内。

3. 螺纹三维数字模型

在需要设计非常大的螺纹零件时，最好的方法是将螺纹设计到三维数字模型中。该方法的优点是可以设计自定义螺纹，且适用于脆性材料；其缺点是螺纹在使用中会磨损，难以准确进行 3D 建模，并且需要高分辨率的 3D 打印设备。

4. 利用丝锥加工螺纹

利用丝锥加工螺纹是传统的螺纹加工方法，丝锥同样可以在 3D 打印部件中创建螺纹。该方法的优点是比自攻螺纹更易于组装、拆卸；其缺点是强度低，螺纹在使用中会磨损。

5. 经验总结

1）根据经验，3D 打印部件的孔周围最小壁厚应与螺纹紧固件的直径相匹配（例如，M5 螺纹紧固件在孔周围需要至少 5mm 的壁厚）。如果壁厚太小，部件会因增加的应力而膨胀和变形，并且在某些情况下（特别是在使用 FDM 3D 打印机时），部件可能发生分层或破裂。

2）3D 打印部件的孔径设计推荐尺寸如表 11-2 所示。

表 11-2 3D 打印部件的孔径设计推荐尺寸

（单位：mm）

孔径	自攻螺丝用直径	与光杆、轴承配合孔直径
$\phi 3$	2.8	3.4
$\phi 4$	3.6	4.4
$\phi 5$	4.5	5.4
$\phi 6$	5.3	6.4
$\phi 8$	7.1	8.5
$\phi 10$	8.8	10.5

举例说明：$\phi 10$ 的孔如果使用自攻螺丝，则设计孔径为 8.8mm；如果是用来穿光杆、固定轴承等的 $\phi 10$ 孔，则需要设计孔径为 10.5mm。

11.3.2 手摇发电机 3D 打印与装配工作指导

手摇发电机 3D 打印与装配工作指导如表 11-3 所示。

表 11-3　手摇发电机 3D 打印与装配工作指导

步骤		结果图示
1．文件切片	① 在菜单栏中选择"文件"|"打开文件"命令，选择要打印的 STL 格式文件，将其导入切片软件	
	② 位置摆放：避免将三维实体细节部分朝下，尽量采用三维实体自身结构作支撑	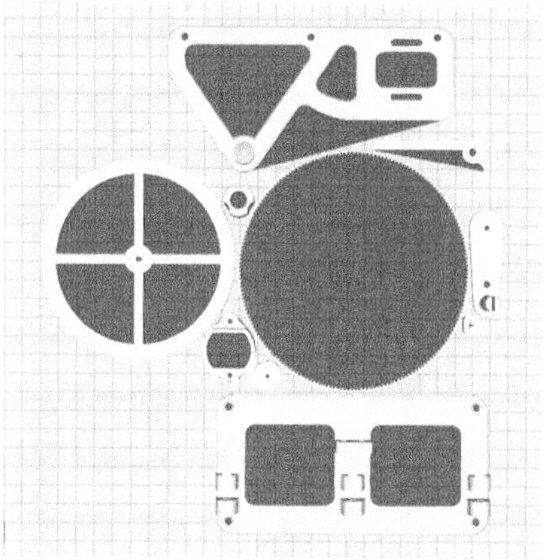
	③ 打印参数设置：在"打印设置"对话框中的"配置文件"下拉列表框中选择"Standard Quality-0.2mm"命令；"层高"设置为 0.2mm；"支撑"设置为无支撑；在"打印平台附着类型"下拉列表框中选择"Skirt"命令，其他参数采用默认值	
	④ 预览并保存切片文件：单击"切片"按钮，完成切片工作；单击"预览"按钮，预览打印结果；单击"保存到磁盘"按钮，将 G-code 格式文件保存到 U 盘	
2．打印三维数字模型	3D 打印机打印三维数字模型，设置喷嘴温度为 205℃，热床温度为 50℃，选择文件，开始打印	
3．后处理	① 去除支撑。用斜口钳去掉大的支撑；用刀笔去除小的支撑 ② 用砂纸进行表面打磨 ③ 打磨光滑后，喷漆上色 ④ 装配	

将设置的打印参数记录在表 11-4 中, 以便于在打印完成后进行质量检查。在打印过程中出现问题时, 可查看打印参数, 再次打印时可调整相应参数, 进行对比。每次打印完成后, 基于最终三维实体进行整体打印参数的总结(当部件较多或 3D 打印机较小时, 可分多次打印)。

表 11-4　手摇发电机打印参数表

序号	打印参数名称	数值	备注
1	层厚		
2	壁厚		
3	顶/底层厚度		
4	填充密度		
5	挤出温度		
6	平台温度		
7	填充线间距		
8	支撑类型		
9	有无底座		
总结			

实 训 评 价

实训评价表如表 11-5 所示。

表 11-5　实训评价表

评价项目	评价依据	学生自评得分	教师评价得分
设计模块(20 分)	设计思路清晰		
3D 建模模块(30 分)	熟练运用草图、拉伸、参数化设计等命令		
3D 打印模块(25 分)	能熟练打印三维数字模型		
成果展示模块(15 分)	展示效果		
团队精神(10 分)	团队意识和合作精神		
任务反思	哪些地方做得比较好? 哪些地方需要改进?		
综合评价			

拓 展 训 练

你可以设计并打印一台手摇风螺报警器吗？手摇风螺报警器参考图片如图 11-38 所示。

图 11-38　手摇风螺报警器参考图片

参 考 文 献

陈国清，2016. 选择性激光熔化 3D 打印技术[M]. 西安：西安电子科技大学出版社.

涂承刚，王婷婷，2019. 3D 打印技术实训教程[M]. 北京：机械工业出版社.

王晓燕，朱琳，2019. 3D 打印与工业制造[M]. 北京：机械工业出版社.

吴怀宇，2014. 3D 打印：三维智能数字化创造[M]. 北京：电子工业出版社.

张伟，张海英，2021. UG NX 综合建模与 3D 打印[M]. 北京：机械工业出版社.